【新版建设工程合同示范文本系列丛书】

中华人民共和国简明标准施工招标文件
（2012年版）
合同条款评注

适用于工期不超过12个月、技术相对简单、且设计和
施工不是由同一承包人承担的小型项目

合同协议书
通用合同条款
专用合同条款
评论与注解
填写范例与应用指南
附　　录

U0283725

中国建材工业出版社

图书在版编目（CIP）数据

中华人民共和国简明标准施工招标文件合同条款评注：2012 年版／王志毅主编 . —北京：中国建材工业出版社，2012.5

（新版建设工程合同示范文本系列丛书）

ISBN 978-7-5160-0133-2

Ⅰ.①中… Ⅱ.①王… Ⅲ.①建筑工程－工程施工－招标－合同－研究－中国－2012 Ⅳ.①TU723.1

中国版本图书馆 CIP 数据核字（2012）第 060350 号

内 容 提 要

《简明标准施工招标文件》（2012 年版）由国家发展改革委会同工业和信息化部、财政部、住房和城乡建设部、交通运输部、铁道部、水利部、广电总局、中国民用航空局编制，自 2012 年 5 月 1 日起实施。

依法必须进行招标的工程建设项目，工期不超过 12 个月、技术相对简单、且设计和施工不是由同一承包人承担的小型项目，其施工招标文件应当根据《简明标准施工招标文件》（2012 年版）编制，其中《通用合同条款》应当不加修改地引用。国务院有关行业主管部门可根据本行业招标特点和管理需要，对《简明标准施工招标文件》（2012 年版）中的《专用合同条款》作出具体规定。其中，《专用合同条款》可对《通用合同条款》进行补充、细化，但除《通用合同条款》明确规定可以作出不同约定外，《专用合同条款》补充和细化的内容不得与《通用合同条款》相抵触，否则抵触内容无效。招标人或者招标代理机构可根据招标项目的具体特点和实际需要，在《专用合同条款》中对《通用合同条款》进行补充、细化和修改，但不得违反法律、行政法规的强制性规定，以及平等、自愿、公平和诚实信用原则，否则相关内容无效。

本书对《简明标准施工招标文件》（2012 年版）的《合同协议书》、《通用合同条款》、《专用合同条款》进行了解读并对应用《简明标准施工招标文件》（2012 年版）合同条款提供了填写范例、简明指南和附录文件。

读者对象：项目发包人、承包人、工程项目管理和咨询机构、监理单位、招标代理机构、设计机构、保险机构、工程担保机构、高等院校和相关培训机构、会计、审计、律师事务所以及其他相关机构的管理人员。

中华人民共和国简明标准施工招标文件（2012 年版）

合同条款评注

王志毅　主编

出版发行：中国建材工业出版社

地　　址：北京市西城区车公庄大街 6 号

邮　　编：100044

经　　销：全国各地新华书店

印　　刷：北京雁林吉兆印刷有限公司

开　　本：889mm×1194mm　1/16

印　　张：15

字　　数：463 千字

版　　次：2012 年 5 月第 1 版

印　　次：2012 年 5 月第 1 次

定　　价：49.00 元

本社网址：www. jccbs. com. cn

本书如出现印装质量问题，由我社发行部负责调换。联系电话：（010）88386906

丛书法律顾问：北京市众明律师事务所

中华人民共和国简明标准施工招标文件

（2012年版）

合同条款评注

主　编　　王志毅

副主编　　潘　容

编制依法必须进行招标的项目的资格预审文件和招标文件，应当使用国务院发展改革部门会同有关行政监督部门制定的标准文本。

——《中华人民共和国招标投标法实施条例》第十五条第四款

关　于

中华人民共和国简明标准施工招标文件（2012年版）

合同协议书、通用合同条款、专用合同条款的评注与填写范例

以　及

应用中华人民共和国简明标准施工招标文件（2012年版）合同条款的简明指南

2012年

前　　言

　　作为建设工程项目承发包双方之间最重要的法律文件，建设工程施工合同的签订和履行直接关系到建设工程能否顺利进行、关系到建设工程的质量和工期、关系到承发包双方的权利和义务分配、关系到承发包双方的风险和责任承担。我国的建设工程施工合同长期存在着履约率低、合同纠纷多的现象，究其最重要的原因，就是当事人缺乏应有的合同知识和法律意识，所签订的合同或是内容不完备，或是格式不规范，在合同签订之时就留下了许多日后纠纷的隐患。

　　为了避免上述情形的发生，引导当事人在订立、履行建设工程施工合同时严格遵守法律、行政法规的规定，遵循公平的原则确定各方的权利义务，遵循诚实信用的原则履行合同，从而维护当事人各方的合法权益，住房和城乡建设部（原建设部）和国家工商行政管理总局（原国家工商行政管理局）自1991年起相继发布了《建设工程施工合同（示范文本）》（GF—91—0201）、《建设工程施工合同（示范文本）》（GF—1999—0201）、《建设项目工程总承包合同示范文本（试行）》（GF—2011—0216），并且即将发布新版的《建设工程施工合同（示范文本）》。

　　2007年11月1日，国家发展和改革委员会会同财政部、建设部、铁道部、交通部、信息产业部、水利部、民用航空总局、广电总局以国家发展改革委令第56号发布了《标准施工招标文件》，自2008年5月1日起在政府投资项目中试行。根据该文件的规定，行业标准施工招标文件和试点项目招标人编制的施工招标文件，应不加修改地引用《标准施工招标文件》（2007年版）中的《通用合同条款》。国务院有关行业主管部门可根据《标准施工招标文件》（2007年版）并结合本行业施工招标特点和管理需要，对《专用合同条款》作出具体规定。行业标准施工招标文件中的《专用合同条款》可对《标准施工招标文件》（2007年版）中的《通用合同条款》进行补充、细化，除《通用合同条款》明确《专用合同条款》可作出不同约定外，补充和细化的内容不得与《通用合同条款》强制性规定相抵触，否则抵触内容无效。试点项目招标人编制招标文件中的《专用合同条款》可根据招标项目的具体特点和实际需要，对《标准施工招标文件》中的《通用合同条款》进行补充、细化和修改，但不得违反法律、行政法规的强制性规定和平等、自愿、公平和诚实信用原则。

　　根据《标准施工招标文件》（2007年版）的以上规定和配套使用的需要，国务院有关行业主管部门陆续发布了《通信建设项目施工招标文件范本（试行）》、《民航专业工程标准施工招标文件》、《铁路建设项目单价承包标准施工招标文件补充文本》、《铁路建设项目总价承包标准施工招标文件补充文本》、《铁路建设项目工程总承包标准施工招标文件补充文本（试行）》、《公路工程标准施工招标文件》、《水运工程标准施工招标文件》、《水利水电工程标准施工招标文件》、《房屋建筑和市政工程标准施工招标文件》等一系列标准施工招标文件。

　　鉴于《标准施工招标文件》（2007年版）适用于一定规模以上且设计和施工不是由同一承包人承担的工程施工招标，不能满足小型项目以及工程总承包项目招标的需要，为尽快形成我国完整的标准施工招标文件体系，2011年12月20日，国家发展改革委会同工业和信息化部、财政部、住房和城乡建设部、交通运输部、铁道部、水利部、广电总局、民用航空局以发改法规［2011］3018号文联合发布了《简明标准施工招标文件》（2012年版）和《标准设计施工总承包招标文件》（2012年版），自2012年5月1日起实施。依法必须进行招标的工程建设项目，工期不超过12个月、技术相对简单、且设计和施工不是由同一承包人承担的小型项目，其施工招标文件应当根据《简明标准施工招标文件》（2012年版）编制；依法必须进行招标的设计施工一体化的总承包项目，其招标文件应当根据《标准设计施工总承包招标文件》（2012年版）编制。上述文本中均包括了《通用合同条款》和《专用合同条款》，具有示范甚至是在特定范围内强制适用的效力。

　　2011年11月30日，国务院第183次常务会议通过了《中华人民共和国招标投标法实施条例》，自

2012 年 2 月 1 日起施行。《招标投标法实施条例》第十五条第四款赋予了标准施工招标文件的法律地位，即编制依法必须进行招标的项目的资格预审文件和招标文件，应当使用国务院发展改革部门会同有关行政监督部门制定的标准文本。由于承发包双方所签订的合同条款对标准施工招标文件中所包含的合同条款不能进行实质性的修改，《招标投标法实施条例》第十五条第四款的规定也意味着：在未来建设工程施工领域，国家发展改革委会同工业和信息化部、财政部、住房和城乡建设部、交通运输部、铁道部、水利部、广电总局、民用航空局联合发布的标准施工招标文件以及相配套的行业文本适用于指定范围内的依法必须进行招标的项目；住建部和工商行政管理总局联合发布的建设工程合同示范文本适用于依法不是必须进行招标的项目。

《简明标准施工招标文件》（2012 年版）和《标准设计施工总承包招标文件》（2012 年版）中的《通用合同条款》基本都是源自有关法律、行政法规和部门规章的规定，这也是行业主管部门与合同当事人应尽可能完整引用《通用合同条款》的法理依据。从这个角度来说，《招标投标法实施条例》第十五条第四款的规定与合同当事人的意思自治并不矛盾，对此合同当事人在合同签订和备案时必须要有清醒的认识。

根据国家发展改革委会同工业和信息化部、财政部、住房和城乡建设部、交通运输部、铁道部、水利部、广电总局、民用航空局发改法规［2011］3018 号文《关于印发简明标准施工招标文件和标准设计施工总承包招标文件的通知》中的有关规定，依法必须进行招标的工程建设项目，工期不超过 12 个月、技术相对简单、且设计和施工不是由同一承包人承担的小型项目，其施工招标文件应当根据《简明标准施工招标文件》（2012 年版）编制。国务院有关行业主管部门可根据本行业招标特点和管理需要，对《简明标准施工招标文件》（2012 年版）中的《专用合同条款》、工程量清单、图纸、技术标准和要求作出具体规定。其中，《专用合同条款》可对《通用合同条款》进行补充、细化，但除《通用合同条款》明确规定可以作出不同约定外，《专用合同条款》补充和细化的内容不得与《通用合同条款》相抵触，否则抵触内容无效。招标人或者招标代理机构可根据招标项目的具体特点和实际需要，在《专用合同条款》中对《通用合同条款》进行补充、细化和修改，但不得违反法律、行政法规的强制性规定，以及平等、自愿、公平和诚实信用原则，否则相关内容无效。

合同条款是发包人单位编制各项建设工程招标文件的重要组成部分，也是最主要的平衡建筑市场各方主体利益及权利义务关系的法律文件。正是也只有合同条款和条件，使得工程量清单、图纸、技术标准和要求等工程项目实施和管理的核心模块成为一个有机联系的整体和得以有效实施的前提。新版建设工程施工合同示范文本的陆续发布，必然极大的影响建筑市场各参与主体的行为规范和合同利益。

依法签订和履行建设工程施工合同，更将有利于发展和完善建筑市场，有利于规范市场主体的交易行为，有利于进一步明确建设工程发包人和承包人的权利和义务，保护双方的合法权益。为组织学习、宣传和推行新版建设工程合同示范文本，中国建材工业出版社组织业内有关人士编写了"新版建设工程合同示范文本系列丛书"。本书对《简明标准施工招标文件》（2012 年版）的《合同协议书》、《通用合同条款》、《专用合同条款》进行了解读并对应用《简明标准施工招标文件》（2012 年版）合同条款提供了填写范例、简明指南和附录文件。本书有助于项目发包人、承包人、工程项目管理机构、监理单位、招标代理机构、设计机构、保险机构、工程担保机构、高等院校和相关培训机构、会计、审计、律师事务所以及其他相关机构的管理人员加深对《简明标准施工招标文件》（2012 年版）合同条款的理解，学习和掌握洽谈、签订、履行《简明标准施工招标文件》（2012 年版）合同条款的技巧。本书也可供相关高等院校和培训机构教学研究人员参考使用。

《简明标准施工招标文件》（2012 年版）合同条款凝聚了行业最高行政管理部门和相关领域专家学者的智慧，体系完整，措辞精确，逻辑严谨。限于编者水平的原因，仅能管中窥豹，恳请读者不吝指正。关于本书的任何批评意见或建议，敬请发送电子邮件至 wangzhiyi@263.net，以便再版时予以修正。

新版建设工程合同示范文本系列丛书

编委会

2012 年 5 月

中华人民共和国合同法总则（节选）

（1999 年 3 月 15 日第九届全国人民代表大会第二次会议通过，自 1999 年 10 月 1 日起施行）

第一条 为了保护合同当事人的合法权益，维护社会经济秩序，促进社会主义现代化建设，制定本法。

第二条 本法所称合同是平等主体的自然人、法人、其他组织之间设立、变更、终止民事权利义务关系的协议。

婚姻、收养、监护等有关身份关系的协议，适用其他法律的规定。

第三条 合同当事人的法律地位平等，一方不得将自己的意志强加给另一方。

第四条 当事人依法享有自愿订立合同的权利，任何单位和个人不得非法干预。

第五条 当事人应当遵循公平原则确定各方的权利和义务。

第六条 当事人行使权利、履行义务应当遵循诚实信用原则。

第七条 当事人订立、履行合同，应当遵守法律、行政法规，尊重社会公德，不得扰乱社会经济秩序，损害社会公共利益。

第八条 依法成立的合同，对当事人具有法律约束力。当事人应当按照约定履行自己的义务，不得擅自变更或者解除合同。

依法成立的合同，受法律保护。

目　　录

关于印发简明标准施工招标文件和
标准设计施工总承包招标文件的通知

发改法规［2011］3018 号

国务院各部门、各直属机构，各省、自治区、直辖市及计划单列市、副省级省会城市、新疆生产建设兵团发展改革委、工业和信息化主管部门、通信管理局、财政厅（局）、住房城乡建设厅（建委、局）、交通厅（局）、水利厅（局）、广播影视局，各铁路局、各铁路公司（筹备组），民航各地区管理局：

为落实中央关于建立工程建设领域突出问题专项治理长效机制的要求，进一步完善招标文件编制规则，提高招标文件编制质量，促进招标投标活动的公开、公平和公正，国家发展改革委会同工业和信息化部、财政部、住房和城乡建设部、交通运输部、铁道部、水利部、广电总局、中国民用航空局，编制了《简明标准施工招标文件》和《标准设计施工总承包招标文件》（以下如无特别说明，统一简称为《标准文件》）。现将《标准文件》印发你们，并就有关事项通知如下：

一、适用范围

依法必须进行招标的工程建设项目，工期不超过 12 个月、技术相对简单、且设计和施工不是由同一承包人承担的小型项目，其施工招标文件应当根据《简明标准施工招标文件》编制；设计施工一体化的总承包项目，其招标文件应当根据《标准设计施工总承包招标文件》编制。

工程建设项目，是指工程以及与工程建设有关的货物和服务。工程，是指建设工程，包括建筑物和构筑物的新建、改建、扩建及其相关的装修、拆除、修缮等。与工程建设有关的货物，是指构成工程不可分割的组成部分，且为实现工程基本功能所必需的设备、材料等。与工程建设有关的服务，是指为完成工程所需的勘察、设计、监理等。

二、应当不加修改地引用《标准文件》的内容

《标准文件》中的"投标人须知"（投标人须知前附表和其他附表除外）、"评标办法"（评标办法前附表除外）、"通用合同条款"，应当不加修改地引用。

三、行业主管部门可以作出的补充规定

国务院有关行业主管部门可根据本行业招标特点和管理需要，对《简明标准施工招标文件》中的"专用合同条款"、"工程量清单"、"图纸"、"技术标准和要求"，《标准设计施工总承包招标文件》中的"专用合同条款"、"发包人要求"、"发包人提供的资料和条件"作出具体规定。其中，"专用合同条款"可对"通用合同条款"进行补充、细化，但除"通用合同条款"明确规定可以作出不同约定外，"专用合同条款"补充和细化的内容不得与"通用合同条款"相抵触，否则抵触内容无效。

四、招标人可以补充、细化和修改的内容

"投标人须知前附表"用于进一步明确"投标人须知"正文中的未尽事宜，招标人或者招标代理机构应结合招标项目具体特点和实际需要编制和填写，但不得与"投标人须知"正文内容相抵触，否则抵触内容无效。

"评标办法前附表"用于明确评标的方法、因素、标准和程序。招标人应根据招标项目具体特点和实际需要，详细列明全部审查或评审因素、标准，没有列明的因素和标准不得作为资格审查或者评标的

依据。

招标人或者招标代理机构可根据招标项目的具体特点和实际需要，在"专用合同条款"中对《标准文件》中的"通用合同条款"进行补充、细化和修改，但不得违反法律、行政法规的强制性规定，以及平等、自愿、公平和诚实信用原则，否则相关内容无效。

五、实施时间、解释及修改

《标准文件》自 2012 年 5 月 1 日起实施。因出现新情况，需要对《标准文件》不加修改地引用的内容作出解释或修改的，由国家发展改革委会同国务院有关部门作出解释或修改。该解释和修改与《标准文件》具有同等效力。

请各级人民政府有关部门认真组织好《标准文件》的贯彻落实，及时总结经验和发现问题。各地在实施《标准文件》中的经验和问题，向上级主管部门报告；国务院各部门汇总本部门的经验和问题，报国家发展改革委。

特此通知。

国家发展改革委
工业和信息化部
财　政　部
住房和城乡建设部
交 通 运 输 部
铁　道　部
水　利　部
广　电　总　局
中国民用航空局
二〇一一年十二月二十日

中华人民共和国简明标准施工招标文件（2012 年版）使用说明

一、《简明标准施工招标文件》适用于工期不超过 12 个月、技术相对简单、且设计和施工不是由同一承包人承担的小型项目施工招标。

二、《简明标准施工招标文件》用相同序号标示的章、节、条、款、项、目，供招标人和投标人选择使用；以空格标示的由招标人填写的内容，招标人应根据招标项目具体特点和实际需要具体化，确实没有需要填写的，在空格中用"／"标示。

三、招标人按照《简明标准施工招标文件》第一章的格式发布招标公告或发出投标邀请书后，将实际发布的招标公告或实际发出的投标邀请书编入出售的招标文件中，作为投标邀请。其中，招标公告应同时注明发布所在的所有媒介名称。

四、《简明标准施工招标文件》第三章"评标办法"分别规定经评审的最低投标价法和综合评估法两种评标方法，供招标人根据招标项目具体特点和实际需要选择适用。招标人选择适用综合评估法的，各评审因素的评审标准、分值和权重等由招标人自主确定。国务院有关部门对各评审因素的评审标准、分值和权重等有规定的，从其规定。

第三章"评标办法"前附表应列明全部评审因素和评审标准，并在本章前附表标明投标人不满足要求即否决其投标的全部条款。

五、《简明标准施工招标文件》第五章"工程量清单"，由招标人根据工程量清单的国家标准、行业标准，以及招标项目具体特点和实际需要编制，并与"投标人须知"、"通用合同条款"、"专用合同条款"、"技术标准和要求"、"图纸"相衔接。本章所附表格可根据有关规定作相应的调整和补充。

六、《简明标准施工招标文件》第六章"图纸"，由招标人根据招标项目具体特点和实际需要编制，并与"投标人须知"、"通用合同条款"、"专用合同条款"、"技术标准和要求"相衔接。

七、《简明标准施工招标文件》第七章"技术标准和要求"由招标人根据招标项目具体特点和实际需要编制。"技术标准和要求"中的各项技术标准应符合国家强制性标准，不得要求或标明某一特定的专利、商标、名称、设计、原产地或生产供应者，不得含有倾向或者排斥潜在投标人的其他内容。如果必须引用某一生产供应者的技术标准才能准确或清楚地说明拟招标项目的技术标准时，则应当在参照后面加上"或相当于"字样。

八、招标人可根据招标项目具体特点和实际需要，参照《标准施工招标文件》、行业标准施工招标文件（如有），对《简明标准施工招标文件》做相应的补充和细化。

九、采用电子招标投标的，招标人应按照国家有关规定，结合项目具体情况，在招标文件中载明相应要求。

十、《简明标准施工招标文件》为 2012 年版，将根据实际执行过程中出现的问题及时进行修改。各使用单位或个人对《简明标准施工招标文件》的修改意见和建议，可向编制工作小组反映。

中华人民共和国简明标准施工招标文件
（2012年版）

**适用于工期不超过12个月、技术相对简单、且设计和
施工不是由同一承包人承担的小型项目**

《合同协议书》评注与填写范例

《合同协议书》评注与填写范例

《通用合同条款》评注

《专用合同条款》评注

附　　录

中华人民共和国简明标准施工招标文件（2012 年版） 第四章　第三节　附件一　合同协议书	评注与填写范例
＿＿＿＿＿＿＿＿＿（发包人名称，以下简称"发包人"）为实施＿＿＿＿＿＿＿＿（项目名称），已接受＿＿＿＿＿＿＿＿（承包人名称，以下简称"承包人"）对该项目的投标。发包人和承包人共同达成如下协议。	本款是关于合同签订的背景说明性条款。 发包人是指具有工程发包主体资格和支付工程价款能力的当事人以及取得该当事人资格的合法继受人。发包人有时也被称为"发包单位"、"建设单位"、"业主"、"项目法人"，也是工程建设项目的招标人。承包人是指被发包人接受的具有工程施工承包主体资格的当事人以及取得该当事人资格的合法继受人。承包人有时也被称为"承包单位"、"施工企业"、"施工人"，也是工程建设项目的投标人和中标人。 发包人、承包人的名称均应完整、准确地写在对应的位置内，不可填写简称。注意名称应与合同签字盖章处所加盖的公章内容一致。 合同主体的确定是双方主张权利和义务的基础。承发包双方应保证合同的签约主体与履约主体的一致性，避免承担因合同签约主体或履约主体不适格所导致合同无效的法律后果。 （项目名称）应是项目审批及/或核准机关出具的有关文件中载明的或备案机关出具的备案文件中确认的项目名称，并应与招标文件中的项目名称表述一致。 工程建设项目，是指工程以及与工程建设有关的货物和服务。工程，是指建设工程，包括建筑物和构筑物的新建、改建、扩建及其相关的装修、拆除、修缮等。与工程建设有关的货物，是指构成工程不可分割的组成部分，且为实现工程基本功能所必需的设备、材料等。与工程建设有关的服务，是指为完成工程所需的勘察、设计、监理等。
1. 本协议书与下列文件一起构成合同文件： （1）中标通知书； （2）投标函及投标函附录； （3）专用合同条款； （4）通用合同条款； （5）技术标准和要求； （6）图纸； （7）已标价工程量清单； （8）其他合同文件。 2. 上述文件互相补充和解释，如有不明确或不一致之处，以合同约定次序在先者为准。	组成合同文件时通常应考虑三个方面：一是所有合同的组成文件均应有定义；二是减少冗余；三是有利于灵活的合同管理。 本款规定并列举了合同构成文件的范围以及合同构成文件的效力顺序，在《通用合同条款》中对合同构成文件的解释顺序也作了规定。承发包双方可以根据工程的性质和实际情况或合同管理需要，在《专用合同条款》中对于合同构成文件的解释顺序作出调整。

中华人民共和国简明标准施工招标文件 （2012年版） 第四章 第三节 附件一 合同协议书	评注与填写范例
3. 签约合同价：人民币（大写）_____ （￥_____）。	签约合同价格应填写双方确定的合同金额，即被发包人接受的承包人的投标报价。本合同协议书确定签约合同价格应当用人民币表示，同时填写大小写。 　　应注意区分"签约合同价格"与"合同价格"，合同价格应为承包人按合同约定完成了包括缺陷责任期内的全部承包工作且在履行合同过程中按合同约定对签约合同价格进行变更和调整后，发包人应当支付给承包人款项的金额。 　　通常对工程造价有重大影响的因素包括但不限于以下四个方面：（1）计价方式的改变；（2）建筑材料、设施、设备等市场价格变化；（3）工程承包范围的较大变化；（4）因设计变更或经济洽商导致的工程量、价的改变。
4. 合同形式：_____。	"合同形式"应理解为是合同工程价款的确定形式，承发包双方可以根据工程项目的规模大小、预期工期的长短等因素协商一致确定本合同采用固定合同价、可调合同价、成本加酬金合同价。其中，固定合同价又可分为固定合同总价和固定合同单价两种。固定合同总价是指承包人整个工程的承包合同约定的施工范围内的合同价款总额确定不变，即除工程变更外，工程量计量或市场价变动的风险均由承包人承担；固定合同单价是指承包的工程项目中的各项单价均确定不变，即除工程变更外，不存在计量的风险。可调合同价可分为可调合同总价和可调合同单价。可调合同总价是指在施工阶段，当约定的调整因素发生时，合同总价随之调整的价款确定形式；可调合同单价是指双方在合同中约定的单价在一定条件下可以调整。成本加酬金确定的合同价可分为成本加固定百分比酬金确定的合同价、成本加固定金额酬金确定的合同价、成本加奖罚确定的合同价三种形式。承发包双方也可对固定价的风险范围进行约定，即在风险范围内，固定价不予调整；反之则予以调整。
5. 计划开工日期：____年____月____日； 　　计划竣工日期：____年____月____日； 　　工期：_____日历天。	工期是衡量双方是否开始履约的重要依据；也是索赔和确定违约金的最主要依据。承发包双方应根据工程的实际情况科学、客观地确定合理的工期。我国《建设工程质量管理条例》第十条规定，建设工程发包单位不得任意压缩合理工期。 　　工期条款是确定合同双方权利义务的主要条款。按照我国《招标投标法实施条例》第五十七条的规

中华人民共和国简明标准施工招标文件 （2012 年版） 第四章　第三节　附件一　合同协议书	评注与填写范例
	定，合同的标的、价款、质量、履行期限等主要条款应当与招标文件和中标人的投标文件的内容一致。招标人和中标人不得再行订立背离合同实质性内容的其他协议。鉴于工期条款是合同的实质性条款而实践中的计划开工日期和计划竣工日期、实际开工日期和实际竣工日期往往会发生很大差异，容易引发承发包双方争议。建议在专业律师的指导下慎重协商签订工期条款并在实际履行合同的过程中注意保存可以证明实际开竣工日期的相关证明材料。 　　开工日期、竣工日期的约定有两类：一是约定为绝对日期，即在合同中约定具体的某年某月某日；二是约定相对日期，即以合同约定的某种条件满足时的日期为开工日期和竣工日期。
6. 承包人项目经理：＿＿＿＿＿＿＿＿＿。	项目经理从职业角度，是指对建设工程实行质量、安全、进度、成本、环保管理的责任保证体系和全面提高工程项目管理水平而设立的重要管理岗位；从从业角度，是指接受承包人委托对工程项目施工过程全面负责的项目管理者，是承包人在工程项目上的代表人。建设工程项目管理的实践经验表明，工程项目的成功与否很大程度上取决于项目经理的业务水平和风险意识。项目经理责任制作为我国施工管理体制上的一项重要制度，对加强建设工程项目风险管理、提高工程质量发挥了巨大作用。2003 年 2 月 27 日，国务院发布了《关于取消第二批行政审批项目和改变一批行政审批项目管理方式的决定》（国发〔2003〕5 号），取消了建设工程项目施工承包人项目经理资质核准而由注册建造师代替，并设立过渡期。但是需要注意的是，建造师执业资格制度的建立并不意味着完全取代了项目经理责任制，而只是取消"项目经理资质"的行政审批，有变化的是大中型工程项目的项目经理必须由取得建造师执业资格的建造师担任。注册建造师资格是担任大中型工程项目经理的一项必要性条件，是国家的强制性要求。但选聘哪位建造师担任项目经理，则由企业决定，那是企业行为。小型工程项目的项目经理可以由不是建造师的人员担任。 　　承包人项目经理的姓名应准确填写在本款内，注意核对与身份证件姓名相同，并留存身份证复印件和建造师执业证书复印件。

中华人民共和国简明标准施工招标文件 （2012年版） 第四章　第三节　附件一　合同协议书	评注与填写范例
7. 工程质量符合＿＿＿＿＿＿＿＿标准。	工程质量必须达到国家规定的合格标准。双方也可以约定达到高于国家规定的质量标准，双方做出的约定对双方都具有约束力，如果不能达到，则应承担相应违约责任。
8. 承包人承诺按合同约定承担工程的施工、竣工交付及缺陷修复。	根据我国《合同法》和相关法规的规定，建设工程施工合同承包人在合同履行过程中，应承担以下责任：（1）按照合同约定的日期准时进入施工现场，按期开工。承包人按照合同约定的日期准时进入施工现场，按期开工是确保按时竣工的第一步。承包人应在进入施工现场前做好开工的一切前期工作，如施工方案、原材料、设备的采购、管理、使用、场地的平整、施工必备的水、电、道路的畅通等。（2）接受发包人的监督。发包人在不妨碍承包人正常作业的情况下，可以随时对作业进度、质量进行检查。（3）确保建设工程质量达到合同约定的标准。因施工人的原因致使建设工程质量不符合约定的，发包人有权要求施工人在合理期限内无偿修理或者返工、改建。经过修理或者返工、改建后，造成逾期交付的，施工人应承担违约责任。因承包人的原因致使建设工程在合理使用期内造成人身和财产损害的，承包人应当承担损害赔偿责任。
9. 发包人承诺按合同约定的条件、时间和方式向承包人支付合同价款。	根据我国《合同法》和相关法规的规定，建设工程施工合同发包人应承担以下责任：（1）做好施工前的一切准备工作，确保建设承包单位准时进入施工现场。发包人未按约定的时间和要求提供原材料、设备、场地、资金、技术资料的，承包人可以顺延工程日期，并要求停工、窝工损失赔偿。（2）向承包人提供符合质量的材料、设备，因提供的材料质量存在瑕疵和提供的设备不符合要求而延误工期，造成质量责任的，应承担责任。（3）对工程质量、进度进行检查。发包人在不妨碍承包人正常作业的情况下，可以随时对作业进行进度、质量检查。（4）组织验收。建设工程竣工后，发包人应及时组织验收。建设工程竣工后，发包人应当根据施工图纸说明书、国家颁发的施工验收规范和质量检验标准进行验收。（5）支付价款，接收工程。（6）交付使用。发包人对承包人完成的建设工程项目，经验收合格，支付价款后应及时交付使用，发挥建设工程效益。鉴于拖欠工程款是当前工程建设中比较突出的问题，为此本款特

中华人民共和国简明标准施工招标文件（2012 年版） 第四章　第三节　附件一　合同协议书	评注与填写范例
	别强调了发包人应树立良好的履约意识，向承包人承诺履行合同约定的义务，按照合同约定的条件、时间和数额向承包人支付合同价款。
10. 本协议书一式＿＿＿＿份，合同双方各执＿＿＿＿份。	关于合同份数，承发包双方应根据工程实际情况分别填写正本和副本的份数以及合同双方各自持有的正本和副本份数，并相应加盖"正本"和"副本"章。另外，承发包双方在签订合同时应对正本、副本各份合同文本的内容进行核对，以确保所有合同文本内容一致。
11. 合同未尽事宜，双方另行签订补充协议。补充协议是合同的组成部分。	我国《招标投标法》第四十六条规定，招标人和中标人应当自中标通知书发出之日起三十日内，按照招标文件和中标人的投标文件订立书面合同。招标和投标人不得再行订立背离合同实质性内容的其他协议。 我国《招标投标法实施条例》第五十七条规定，招标人和中标人应当依照招标投标法和本条例的规定签订书面合同，合同的标的、价款、质量、履行期限等主要条款应当与招标文件和中标人的投标文件的内容一致。招标人和中标人不得再行订立背离合同实质性内容的其他协议。 最高人民法院《关于审理建设工程施工合同纠纷案件适用法律若干问题的解释》第二十一条规定，当事人就同一建设工程另行订立的建设工程施工合同与经过备案的中标合同实质性内容不一致的，应当以备案的中标合同作为结算工程款的根据。 在合同履行过程中，法律并不禁止承发包双方对合同未尽事宜经协商一致后签订补充协议。但是考虑到上述法律规定，理解与适用本款时应当注意补充协议的内容属于技术性条款还是非技术性条款，是否涉及权利义务的变更。要特别注意约定补充协议的效力以及与其他合同文件发生矛盾时的解释顺序和处理方法。
发包人：＿＿＿（盖单位章）　承包人：＿＿＿（盖单位章） 法定代表人　　　　　　　　法定代表人 或其委托代理人：＿＿＿　　或其委托代理人：＿＿＿ 　　　　　（签字）　　　　　　　　（签字） ＿＿＿年＿＿＿月＿＿＿日　＿＿＿年＿＿＿月＿＿＿日	合同由承发包双方法定代表人或法定代表人授权委托的代理人签署姓名（注意不应是人名章）并加盖双方单位公章或合同专用章。准确载明委托事项的《授权委托书》应作为合同附件之一予以妥善保存。承发包双方均应避免发生无权代理的法律后果。 合同订立时间，指合同双方签字盖章的时间。如双方不约定合同生效的条件，则合同订立的时间就是合同生效时间。在此应填写完整的年月日。

备　注

中华人民共和国简明标准施工招标文件
（2012年版）

适用于工期不超过12个月、技术相对简单、且设计和施工不是由同一承包人承担的小型项目

《通用合同条款》评注

第1条 一般约定，通用合同条款评注

中华人民共和国简明标准施工招标文件 （2012 年版） 第四章 第一节 通用合同条款	评　注
1.1 词语定义 通用合同条款、专用合同条款中的下列词语应具有本款所赋予的含义。	1.1 款对六个部分项下三十一个关键词作出了定义，以避免承发包双方解释合同条款时产生争议。 "词语定义"中的术语通常是合同中使用的关键术语，为了避免用词和含义产生歧义，在使用这些术语前通常对其含义予以明确。 在此应注意，除非合同双方在专用合同条款中另有约定，被定义的词语在合同中的定义是相同的，即本款所赋予的含义。如果合同双方需要对除此之外的其他词语进行定义，可以在专用合同条款中约定。
1.1.1 合同	1.1.1 款是与合同文件相关的内容，通过这些定义可以了解合同的各个组成部分及每个术语的含义。
1.1.1.1 合同文件（或称合同）：指合同协议书、中标通知书、投标函及投标函附录、专用合同条款、通用合同条款、技术标准和要求、图纸、已标价工程量清单，以及其他合同文件。	1.1.1.1 款实际是全部合同文件的总称，它包括定义中所明确的全部合同文件。 为方便理解与管理，可以将组成合同的文件分为三个类别的信息：（1）集成信息，通常包括《合同协议书》、《中标通知书》及《投标函》等；（2）非技术信息（即权利义务信息），通常包括《投标函附录》、《专用合同条款》及《通用合同条款》等；（3）技术信息，通常包括技术标准和要求、图纸、工程量价格清单等。排序时通常是集成信息类文件位置在前，其次是权利义务类信息，最后是技术类信息。组成合同文件的位置不同优先解释顺序亦不同。
1.1.1.2 合同协议书：指第 1.5 款所指的合同协议书。	1.1.1.2 款中的《合同协议书》即承包人按中标通知书规定的时间与发包人签订的合同协议书。包括了合同签订主体、主要条款、生效时间等内容。

中华人民共和国简明标准施工招标文件 （2012年版） 第四章　第一节　通用合同条款	评　注
1.1.1.3　中标通知书：指发包人通知承包人中标的函件。中标通知书随附的澄清、说明、补正事项纪要等，是中标通知书的组成部分。	在招标投标以及评标过程中，招标人可以对已发出的资格预审文件或者招标文件进行必要的澄清或者修改。投标文件中有含义不明确的内容、明显文字或者计算错误，评标委员会认为需要投标人作出必要澄清、说明的，应当书面通知该投标人。投标人的澄清、说明应当采用书面形式，并不得超出投标文件的范围或者改变投标文件的实质性内容。 　　评标委员会不得暗示或者诱导投标人作出澄清、说明，不得接受投标人主动提出的澄清、说明。注意1.1.1.3款中的《中标通知书》包括了两方面的内容，一是指发包人向承包人发出的中标结果通知书，二是还应当包括中标通知书随附的澄清、说明、补正事项纪要等其他文件。 　　我国《招标投标法》规定，中标人确定后，招标人应当向中标人发出中标通知书，并同时将中标结果通知所有未中标的投标人。中标通知书对招标人和中标人具有法律效力。
1.1.1.4　投标函：指构成合同文件组成部分的由承包人填写并签署的投标函。	1.1.1.4款中的《投标函》也是承包人的报价函。投标函作为投标书的一部分，通常是由发包人将投标函的格式事先拟订，并包括在招标文件中，由承包人填写并签章确认。
1.1.1.5　投标函附录：指附在投标函后构成合同文件的投标函附录。	1.1.1.5款中的《投标函附录》是附在投标函后面并构成投标函一部分的附属文件之一，主要填写响应招标文件中规定的实质性要求和条件的内容，并给出在合同条件中相对应的条款序号。 　　通常一个有经验的承包人从发包人给出的数据，基本上可以判断其提出的合同条件是否苛刻、资金是否充裕。投标函附录是承包人在投标时应仔细研究的重要文件之一。
1.1.1.6　技术标准和要求：指构成合同文件组成部分的名为技术标准和要求的文件，以及合同双方当事人约定对其所作的修改或补充。	1.1.1.6款中的《技术标准和要求》包括了发包人在招标文件中所列的主要技术要求以及在施工过程中所作的修改或补充要求。
1.1.1.7　图纸：指包含在合同中的工程图纸，以及由发包人按合同约定提供的任何补充和修改的图纸，包括配套的说明。	1.1.1.7款中的《图纸》是承包人进行工程施工的基础，包括合同中的工程图纸和由发包人提供的图纸，且将任何补充和修改的图纸一并纳入了"图纸"的定义范围。

中华人民共和国简明标准施工招标文件 （2012 年版） 第四章　第一节　通用合同条款	评　　注
1.1.1.8　已标价工程量清单：指构成合同文件组成部分的由承包人按照规定的格式和要求填写并标明价格的工程量清单。	理解 1.1.1.8 款《已标价工程量清单》的定义时需注意，GB 50500—2008《建设工程工程量清单计价规范》规定全部使用国有资金投资或国有资金投资为主的工程建设项目，不分工程建设项目规模，均必须采用工程量清单计价。对于非国有资金投资的工程建设项目，是否采用工程量清单方式由项目业主自主确定；当确定采用工程量清单计价时，则应执行 GB 50500—2008《建设工程工程量清单计价规范》。
1.1.1.9　其他合同文件：指经合同双方当事人确认构成合同文件的其他文件。	1.1.1.9 款中的《其他合同文件》是经承发包双方签章确认的其他合同文件，可以在专用合同条款中进一步明确。对《其他合同文件》进行定义，主要目的是为了满足不同行业、不同项目的实际和合同管理需要所作的约定。根据此定义，构成《其他合同文件》必须经合同双方当事人确认。
1.1.2　合同当事人和人员	1.1.2 款中的"合同当事人和人员"定义的是合同双方以及参与工程项目的其他重要人员。合同双方之间的相互信赖，参与工程人员之间的合作与团队精神，是项目取得成功的重要基础保证。
1.1.2.1　合同当事人：指发包人和（或）承包人。	1.1.2.1 款中的"合同当事人"，仅包括发包人、承包人，体现了"合同的相对性"。
1.1.2.2　发包人：指专用合同条款中指明并与承包人在合同协议书中签字的当事人。	1.1.2.2 款中的"发包人"和 1.1.2.3 款中的"承包人"定义均是将签约行为视作界定承发包双方主体资格的依据。
1.1.2.3　承包人：指与发包人签订合同协议书的当事人。	
1.1.2.4　承包人项目经理：指承包人派驻施工场地的全权负责人。	1.1.2.4 款中的"承包人项目经理"定义的重点是"派驻施工场地"，项目经理是承包人委托的全权负责人，应常驻施工场地，以确保全面负责施工现场的管理。

17

中华人民共和国简明标准施工招标文件 （2012年版） 第四章　第一节　通用合同条款	评　　注
1.1.2.5　监理人：指在专用合同条款中指明的，受发包人委托对合同履行实施管理的法人或其他组织。属于国家强制监理的，监理人应当具有相应的监理资质。	《简明标准施工招标文件》（2012年版）突出了监理人的地位，更加体现了监理人的重要性，旨在建立以监理人为主的合同管理模式。 　　1.1.2.5款中的"监理人"是受发包人委托的法人或其他组织，不是自然人。属于国家强制监理的，监理人应当具有相应的监理资质；不属于国家强制监理的，监理人无需具有监理资质。我国法律规定下列工程必须实行监理：国家重点建设工程；大中型公用事业工程；成片开发的住宅小区工程；利用外国政府或者国际组织贷款、援助资金的工程；国家规定必须实行监理的其他工程。所谓大中型公用事业工程是指项目总投资3000万元以上的市政项目，科教文化项目，体育旅游商业项目，卫生社会福利项目等。住宅项目是指5万平方米以上的小区，高层住宅和结构复杂的多层住宅也必须实行监理。
1.1.2.6　总监理工程师（总监）：指由监理人委派常驻施工场地对合同履行实施管理的全权负责人。	1.1.2.6款中的"总监理工程师"可以简称为"总监"。应注意定义中强调了"常驻施工场地"，以确保全面实施对工程的管理。总监理工程师是监理人委托的具有工程管理经验全权负责人，主要承担以下职责：（1）确定项目监理机构人员的分工和岗位职责；（2）主持编写项目监理规划、审批项目监理实施细则，负责管理项目监理机构的日常工作；（3）审查分包单位的资质，给业主及总包单位提出审查意见；（4）检查和监督监理人员的工作，根据工程项目的进展情况进行人员调配，并在实施监理工作过程中，对不称职的监理人员进行调换；（5）主持监理工作会议（包括监理例会），签发项目监理机构的文件和指令；（6）审查承包单位提交的开工报告、施工组织设计、技术方案、进度计划；（7）审查签署承包单位的申请、支付证书和竣工结算；（8）审查和处理工程变更；（9）主持或参与工程质量事故的调查；（10）调解建设单位与承包单位的合同争议、处理索赔、审查工程延期；（11）组织编写并签发监理月报、监理工作阶段报告、专题报告和项目监理工作总结；（12）审查签认分部工程和单位工

中华人民共和国简明标准施工招标文件 （2012 年版） 第四章　第一节　通用合同条款	评　　注
	程的质量检验评定资料，审查承包单位的竣工申请，组织监理人员对待验收的工程项目进行质量检查，参与工程项目的竣工验收；（13）主持整理工程项目的监理资料。
1.1.3　工程和设备	1.1.3 款中的"工程和设备"，应理解为满足施工所必需。
1.1.3.1　工程：指永久工程和（或）临时工程。	1.1.3.1 款"工程"定义中的"和（或）"需结合上下文进行理解，是指永久工程和临时工程、永久工程或临时工程。 　　永久工程是指按合同约定建造并移交给发包人的工程，包括工程设备。临时工程是指工程项目在建设期限内，为保证正式工程的正常施工而必须兴建的单独编制设计的单项临时工程，如构件预制场、临时供水、供电、道路、通信工程等。 　　关于"永久工程"作为最终交付的成果是合同指向的标的物，而"临时工程"作为完成最终成果的必需步骤仅是计价的依据。应将两者进行区分，有利于工程变更、交付及风险分配等多方面事宜进行明确界定。
1.1.3.2　工程设备：指构成或计划构成永久工程一部分的机电设备、仪器装置、运载工具及其他类似的设备和装置。 　　**1.1.3.3　施工场地（或称工地、现场）**：指用于合同工程施工的场所，以及在合同中指定作为施工场地组成部分的其他场所，包括永久占地和临时占地。	1.1.3.2 款中的"工程设备"，1.1.3.3 款中的"施工场地"、"工地"、现场"，都是为满足施工使用所必需的工程物资和场所。施工场地是为满足承包工程施工使用所必需的场所，应由发包人提供。为保证承包工程施工正常进行，承发包双方应在图纸中指定或在专用条款中详细约定施工场地的具体范围及不同场地在施工中的用途。如涉及场地租用或征地的手续，应由发包人负责办理。 　　及时向承包人提供施工场地是工程顺利开工的关键，发包人应在约定的时间内提供施工场地。需要注意的是，施工场地包括永久占地和临时占地，临时占地在不同的项目中对费用的承担和提供的时间上存在差异，承发包双方可在专用条款中另行进行约定。

中华人民共和国简明标准施工招标文件 （2012 年版） 第四章　第一节　通用合同条款	评　　注
1.1.4　日期 **1.1.4.1　开工通知**：指监理人按第 6.2 款通知承包人开工的函件。 **1.1.4.2　开工日期**：指监理人按第 6.2 款发出的开工通知中写明的开工日期。 **1.1.4.3　工期**：指承包人在投标函中承诺的完成合同工程所需的期限，包括按第 6.3 款、第 6.4 款约定所作的变更。	1.1.4 款是与合同工期相关的重要定义。 　1.1.4.1 款中的"开工通知"是指监理人在开工日期 7 天前向承包人发出开始工作的书面文件。 　1.1.4.2 款中的"开工日期"是十分重要的日期，是计算工期的起始点。为避免开工日期的争议，监理人必须发出书面通知，并且工期从通知写明的开始工作日期起算，以避免承发包双方发生争议。 　1.1.4.3 款中的"工期"，是指合同工期，是承包人在投标函中承诺的从工程开工到工程竣工所需的时间。工期是总日历天数，包括双休日和法定节假日。在履行合同过程中，由于发包人的下列原因造成工期延误的，承包人有权要求发包人延长工期和（或）增加费用，并支付合理利润：(1) 增加合同工作内容；(2) 改变合同中任何一项工作的质量要求或其他特性；(3) 发包人迟延提供材料、工程设备或变更交货地点；(4) 因发包人原因导致的暂停施工；(5) 提供图纸延误；(6) 未按合同约定及时支付预付款、进度款；(7) 发包人造成工期延误的其他原因。由于出现专用合同条款约定的异常恶劣气候导致工期延误的，承包人有权要求发包人延长工期。 　本款"工期"定义明确了协议约定之外的变更和索赔调整的工期包括在内，更加符合工程施工实际情况。 　合同工期应与建设工程施工合同履行期限相区分，合同履行期限是从合同生效到合同权利义务终止的时间，包括开工前的准备阶段及竣工结算时间和保修期。 　承发包双方约定的合同工期是否合理，会影响承包工程质量的好坏，因此不能盲目压缩工期，赶进度，应按进度计划实施，保证工程质量。承包人应按照合同约定和开工日期通知的开始工作日期准时开工，按时竣工。

中华人民共和国简明标准施工招标文件 （2012年版） 第四章　第一节　通用合同条款	评　　注
1.1.4.4　竣工日期：指第1.1.4.3目约定工期届满时的日期。实际竣工日期以工程接收证书中写明的日期为准。	1.1.4.4款中的"竣工日期"是验证合同是否如期履行的重要依据，同时也是计算工期顺延和工期提前的依据。
1.1.4.5　缺陷责任期：指履行第12.1款约定的缺陷责任的期限，具体期限由专用合同条款约定。	1.1.4.5款中的"缺陷"是指建设工程质量不符合工程建设强制性标准、设计文件，以及承包合同的约定。 　　当事人可协商确定缺陷责任期，法律没有作强制性约定；并且可以约定期限的延长，但缺陷责任期的延长不得超过两年。《建设工程质量保证金管理暂行办法》第二条规定，缺陷责任期一般为六个月、十二个月或二十四个月，具体可由发、承包双方在合同中约定。 　　缺陷责任期内，由承包人原因造成的缺陷，承包人应负责维修，并承担鉴定及维修费用。如承包人不维修也不承担费用，发包人可按合同约定扣除保证金，并由承包人承担违约责任。承包人维修并承担相应费用后，不免除对工程的一般损失赔偿责任。 　　由他人原因造成的缺陷，发包人负责组织维修，承包人不承担费用，且发包人不得从保证金中扣除费用。
1.1.4.6　天：除特别指明外，指日历天。合同中按天计算时间的，开始当天不计入，从次日开始计算。期限最后一天的截止时间为当天24：00。	1.1.4.6款中的"天"不是工作日，工作日不包括休息日或其他法定节假日。本款中的"天"包括了休息日和其他法定节假日。
1.1.5　合同价格和费用	1.1.5款以下的定义均为涉及合同价格与费用方面的定义，作为承发包双方共同最为关注的条款，应特别注意这些术语的确切含义以避免产生争议。
1.1.5.1　签约合同价：指签订合同时合同协议书中写明的，包括了暂列金额的合同总金额。	1.1.5.1款中的"签约合同价格"应与1.1.5.2中的"合同价格"相区别。"签约合同价格"指合同协议书约定的包括暂列金额在内的合同总价格；"合同价格"则包括：签约合同价格＋履行合同过程中的变更及调整引起的价款增减＋发包人应当支付的其他金额。
1.1.5.2　合同价格：指承包人按合同约定完成了包括缺陷责任期内的全部承包工作后，发包人应付给承包人的金额，包括在履行合同过程中按合同约定进行的变更和调整。	

21

中华人民共和国简明标准施工招标文件 （2012年版） 第四章　第一节　通用合同条款	评　注
1.1.5.3　费用： 指为履行合同所发生的或将要发生的所有合理开支，包括管理费和应分摊的其他费用，但不包括利润。	1.1.5.3款中的"费用"定义明确了"不包括利润在内"。本款对费用与利润作了明确的区分，注意在合同条款中，有些条款可以索赔费用但不能索赔利润，有些条款则规定两者皆可。承发包双方均应注意将本款中的"费用"定义与相关的费用索赔条款联系适用。
1.1.5.4　暂列金额： 指已标价工程量清单中所列的暂列金额，用于在签订协议书时尚未确定或不可预见变更的施工及其所需材料、工程设备、服务等的金额，包括以计日工方式支付的金额。	1.1.5.4款中的"暂列金额"在实践施工中应用很广泛，且均为工程量清单计价所必需。暂列金额主要用于支付在签订合同协议书时尚未确定的工作或合同执行过程中不可预见的地质或物质条件、设计变更等造成的合同变更的价款支付。
1.1.5.5　计日工： 指对零星工作采取的一种计价方式，按合同中的计日工子目及其单价计价付款。	1.1.5.5款中"计日工"适用的"零星工作"一般是指合同约定之外的或者因变更而产生的、工程量清单中没有相应项目的额外工作，尤其是那些时间不允许事先商定价格的额外工作。计日工为额外工作和变更的计价提供了一个方便快捷的途径。
1.1.5.6　质量保证金（或称保留金）： 指按第10.4款约定用于保证在缺陷责任期内履行缺陷修复义务的金额。	1.1.5.6款中的"质量保证金"在实践中也被称作"保证金"、"质保金"、"保留金"、"保修金"等，是指发包人与承包人在建设工程承包合同中约定，从应付的工程款中预留，用以保证承包人在缺陷责任期内对建设工程出现的缺陷进行维修的资金。 　　监理人应从第一个付款周期开始，在发包人的进度付款中，按专用合同条款的约定扣留质量保证金，直至扣留的质量保证金总额达到专用合同条款约定的金额或比例为止。 　　在专用合同条款约定的缺陷责任期满时，承包人向发包人申请到期应返还承包人剩余的质量保证金金额，发包人应在14天内会同承包人按照合同约定的内容核实承包人是否完成缺陷责任，并将无异议的剩余质量保证金返还承包人。 　　发包人应当与承包人在合同条款中对涉及保证金的下列事项进行明确约定：（1）保证金预留、返还方式；（2）保证金预留比例、期限；（3）保证金是否计付利息，如计付利息，利息的计算方式；（4）缺陷责任期的期限及计算方式；（5）保证金预留、返还及工程维修质量、费用等争议的处理程序；（6）缺陷责任期内出现缺陷的索赔方式。

中华人民共和国简明标准施工招标文件 （2012 年版） 第四章　第一节　通用合同条款	评　　注
1.1.6　其他 　　**1.1.6.1　书面形式：**指合同文件、信函、电报、传真、电子数据交换和电子邮件等可以有形地表现所载内容的形式。	1.1.6.1 款约定"书面形式"的目的在于保证合同双方在项目实施过程中信息畅通，避免混乱。本款规定也与我国《合同法》第十一条关于"书面形式"的规定一致："书面形式是指合同书、信件和数据电文（包括电报、电传、传真、电子数据交换和电子邮件）等可以有形地表现所载内容的形式"。
1.2　语言文字 　　合同使用的语言文字为中文。专用术语使用外文的，应附有中文注释。	1.2 款是关于合同文件使用语言文字的约定。汉语为我国的通用语言和官方语言。因此，明确合同使用的语言文字为中文，确定了优先原则"。 　　当事人对合同条款的理解有争议的，照合同所使用的词句、合同的有关条款目的、交易习惯以及诚实信用原则，确定的真实意思。 　　合同文本中涉及专业术语采用理字时，如果发生外文与中文注释使以解不一致的情况，应当根据合同解释。
1.3　法律 　　适用于合同的法律包括中华人民共和国法律、行政法规、部门规章，以及工程所在地的地方法规、自治条例、单行条例和地方政府规章。	1.3 款是适用于合同的"法律、行政法规。合同双方在签订、履行得违反法律和行政法规的规定。 　　本款将部门规章、工程一并纳入了合同适用范围。在实践章、地方政府规章有特殊条款与之相冲突的情形同时应当予以注意，以力的争议。 　　本款定义的"法律，根据我国《立法法》的为：法律—行政法规地方政府规章。

中华人民共和国简明标准施工招标文件 （2012 年版） 第四章　第一节　通用合同条款	评　注
1.4　合同文件的优先顺序 组成合同的各项文件应互相解释，互为说明。除合同条款另有约定外，解释合同文件的优先顺序如下： 合同协议书； 中标通知书； 投标函及投标函附录； 专用合同条款； 通用合同条款； 技术标准和要求； 图纸； 已标价工程量清单； 其他合同文件。	1.4 款是关于合同文件优先解释顺序的约定。 　　由于合同文件形成的时间比较长，参与编制的人数众多，客观上不可避免地会在合同各文件之间出现不一致甚至矛盾的内容。为解决争议，此时应按照本款列明的优先顺序进行解释。 　　如果发生合同文件内容不一致的情形，则需要明确以哪个文件内容为准。合同文件的解释顺序实际上就是解决合同文件的相互效力问题，通常时间在后的优于时间在前的，但有时发生合同文件的地位不同以及无法确定订立时间的情形时，约定合同文件的解释顺序就显得尤为重要。 　　本款规定了在合同构成文件产生矛盾时的处理方法：即《合同协议书》优先于《中标通知书》；《中标通知书》优先于《投标函》及《投标函附录》；《投标函》及《投标函附录》优先于《专用合同条款》；《专用合同条款》优先于《通用合同条款》；《通用合同条款》优先于技术标准和要求；技术标准和要求优先于图纸；图纸优先于已标价工程量清单；已标价工程量清单优先于其他合同文件。 　　本款为合同双方提供了合同文件的优先解释顺序示例，合同双方可仍然根据合同管理需要在专用条款中对合同文件的优先顺序进行调整，但不得违反有关法律的规定。 　　另外，建议承发包双方在专用条款中对"其他合同文件"的具体组成作进一步明确。承包人在建设工程施工的整个过程中特别是在工程施工后期要非常慎重地对待与发包人签署的任何其他合同文件，谨防因疏忽或专业法律知识的欠缺造成签署的文件出现与早期文件相悖的不利于自身的内容，使承包人原先已争取到的有利条件丧失殆尽。
1.5　合同协议书 承包人按中标通知书规定的时间与发包人签订合同协议书。除法律另有规定或合同另有约定外，发包人和承包人的法定代表人或其委托代理人在合同协议书上签字并盖单位章后合同生效。	1.5 款是关于合同协议书及合同生效的约定。 　　招标人和中标人应当依法签订书面合同，合同的标的、价款、质量、履行期限等主要条款应当与招标文件和中标人的投标文件的内容一致。招标人和中标人不得再行订立背离合同实质性内容的其他协议，否则应当承担相应法律责任。 　　根据本款约定，除法律另有规定或合同另有约定外，合同通常在发包人和承包人的法定代表人或其委托代理人在合同协议书上签字并加盖单位公章后生

中华人民共和国简明标准施工招标文件 （2012 年版） 第四章　第一节　通用合同条款	评　注
	效。法律、行政法规规定合同应当办理批准、登记等手续生效的，依照其规定。当事人对合同的效力可以约定附条件。附生效条件的合同，自条件成就时生效。当事人对合同的效力可以约定附期限，附生效期限的合同，自期限届至时生效。 　　承发包双方均应注意查验对方委托代理人所持有的《授权委托书》。
1.6　图纸和承包人文件	1.6 款是关于发包人提供图纸以及承包人提供文件的约定。
1.6.1　发包人提供的图纸 　　除专用合同条款另有约定外，图纸应在合理的期限内按照合同约定的数量提供给承包人。	1.6.1 款中的"图纸"包括各种图纸和相关的资料、记录及附件，是构成合同条款的重要组成部分。发包人应按时按量提供给承包人。承发包双方应当对本款中的"合理期限"作出明确约定，以避免产生争议。 　　图纸是工程的灵魂。图纸既是合同组成部分，又是发包人义务指向的履行标的之一。图纸本身的质量决定着工程的质量，同时还是衡量工程质量是否达标的重要依据。图纸的提供、修订关系着工程的进度、变更、索赔等多个方面。
1.6.2　承包人提供的文件 　　按专用合同条款约定由承包人提供的文件，包括部分工程的大样图、加工图等，承包人应按约定的数量和期限报送监理人。监理人应在专用合同条款约定的期限内批复。	1.6.2 款约定了由承包人提供的文件。大样图是指针对某一特定区域进行特殊性放大标注以便更详细表示的图纸。某些形状特殊、开孔或连接较复杂的零件或节点，在整体图中不便表达清楚时，可移出另画节点大样图。承包人需注意，按专用合同条款约定由承包人提供的文件均需报送监理人并取得书面批复后才能予以执行。
1.7　联络 　　与合同有关的通知、批准、证明、证书、指示、要求、请求、同意、意见、确定和决定等重要文件，均应采用书面形式。 　　按合同约定应当由监理人审核、批准、确认或者提出修改意见的承包人的要求、请求、申请和报批等，监理人在合同约定的期限内未回复的，视同认可，合同中未明确约定回复期限的，其相应期限均为收到相关文件后 7 天。	1.7 款顺畅的联络能够保证承发包双方在项目实施过程的交流畅通。 　　由于建设工程具有涉及标的额大、合同履行周期长、合同内容复杂、合同履行专业化程度高等的特点，本款明确约定了与合同有关的所有重要文件均应采用书面形式。本合同第 1.1.6.1 款已对"书面形式"进行了定义。 　　为加快工程实施进度，提高管理效率，本款规定了监理人在一定期限内未回复按合同约定应当由监理人审核、批准、确认或者提出修改意见的承包人的要求、请求、申请和报批等文件时即视为默示同意。

第2条　发包人义务，通用合同条款评注

中华人民共和国简明标准施工招标文件（2012 年版） 第四章　第一节　通用合同条款	评　注
2.1　遵守法律 　　发包人在履行合同过程中应遵守法律，并保证承包人免于承担因发包人违反法律而引起的任何责任。	2.1 款约定了发包人遵守法律及对承包人的保障义务。 　　一个建设项目通常会涉及区域规划、施工许可、税收、环保等法律，发包人必须遵守。 　　发包人在合同履行中应保证承包人免于承担因自己违反法律而引起的任何责任，以保证工程顺利进行。
2.2　发出开工通知 　　发包人应委托监理人按第 6.2 款的约定向承包人发出开工通知。	2.2 款约定了发包人应及时委托监理人向承包人发出开工通知，监理人应在开工日期 7 天前向承包人发出开工通知。迟延发出开工通知有可能会使承包人失去最佳开工时机，影响开工计划，导致工程建设延误并可能形成索赔。
2.3　提供施工场地 　　发包人应按专用合同条款约定向承包人提供施工场地，以及施工场地内地下管线和地下设施等有关资料，并保证资料的真实、准确、完整。	2.3 款作为发包人的一项重要义务，发包人及时向承包人提供施工场地是工程顺利开工的关键。发包人做好工程建设的前期准备工作，提供施工场地所需的条件和基础资料，关系到承包人是否能按期开工，能否在合同约定的工期内按质按量完成建设工程。如果发包人未按约定及时向承包人提供施工场地，应当承担相应的违约责任。
2.4　协助承包人办理证件和批件 　　发包人应协助承包人办理法律规定的有关施工证件和批件。	2.4 款约定了发包人负有向承包人提供协助与配合的义务。在承包人实施项目过程中，需要办理有关施工证件和批件时，发包人应及时给予协助，以便承包人提高效率、顺利进行施工。
2.5　组织设计交底 　　发包人应根据合同进度计划，组织设计单位向承包人进行设计交底。	2.5 款设计单位应当就审查合格的施工图设计文件，向承包人作出详细说明。发包人及时、主动地组织设计单位向承包人进行设计交底是承包人按照设计图纸施工，保证施工质量的前提。
2.6　支付合同价款 　　发包人应按合同约定向承包人及时支付合同价款。	2.6 款发包人按时支付承包人合同约定的价款是发包人最主要的合同义务，也是工程顺利完工的重要保障。发包人不但有义务支付全部合同价款（包括项目实施过程中因变更等因素而增加的各类调整款项），还必须注意按照合同约定的时间与方式支付。通常来说，支付的合同价款包括预付款、进度款和最终结算余款。如果发包人未履行合同约定的支付义务，应当承担相应的责任。

中华人民共和国简明标准施工招标文件 （2012 年版） 第四章　第一节　通用合同条款	评　　注
2.7　组织竣工验收 发包人应按合同约定及时组织竣工验收。	2.7 款竣工验收指建设工程项目竣工后开发建设单位会同设计、施工、设备供应单位及工程质量监督部门，对该项目是否符合规划设计要求以及建筑施工和设备安装质量进行全面检验，取得竣工合格资料、数据和凭证的行为或过程。发包人有及时组织工程竣工验收、颁发工程接收证书、负责收集工程文件归档的义务。
2.8　其他义务 发包人应履行合同约定的其他义务。	2.8 款中的"其他义务"是一个兜底条款，例如协调勘察、设计、施工、监理以及其他与工程施工有关的关系等均可视为并列入发包人的"其他义务"。 　　以上列举的是发包人的主要义务，合同条款中涉及发包人的工作均属发包人的义务。在工程实践中，承包人常常会以发包人的义务未及时履行而提出索赔。对于发包人来讲，应按照合同约定的内容履行合同义务；同时在合同中对于发包人的义务进行明确约定，防止因约定不明确而产生争议。

第3条 监理人，通用合同条款评注

中华人民共和国简明标准施工招标文件（2012年版） 第四章 第一节 通用合同条款	评 注
3.1 监理人的职责和权力	3.1款是关于监理人职责和权力的约定。 监理人是受发包人委托对合同履行实施管理的法人或其他组织。从事建筑活动的工程监理单位，应按照其拥有的注册资本、专业技术人员、技术装备和已完成的建筑工程业绩等资质条件，划分为不同的资质等级，经资质审查合格，取得相应等级的资质证书后，方可在其资质等级许可的范围内从事建筑活动。实行监理的建筑工程，由建设单位委托具有相应资质条件的工程监理单位监理。监理人是代表发包人对承包人的施工质量、施工进度、造价及安全等方面实施监督的合同管理者，监理人的职责包括但不限于就工程质量和进度发出指示、进行检查、现场管理、在权限范围内合理调整量价、进行变更估价、索赔等。
3.1.1 监理人受发包人委托，享有合同约定的权力，其所发出的任何指示应视为已得到发包人的批准。监理人在行使某项权力前需要经发包人事先批准而通用合同条款没有指明的，应在专用合同条款中指明。未经发包人批准，监理人无权修改合同。	3.1.1款明确了监理人的权限来源，即监理人应按合同约定行使发包人委托的权力，并对监理人的权力进行了限制。监理人实施监理的前提即是接受了发包人的委托，订立了书面的《委托监理合同》，明确了监理的范围、内容、权利（力）义务等，监理人才能在约定的范围内对承包人进行监督管理，开展工程监理业务。 根据我国相关法律规定和法理，合同是平等主体的自然人、法人、其他组织之间设立、变更、终止民事权利义务关系的协议。作为一种民事法律关系，合同关系不同于其他民事法律关系的重要特点就是在于合同关系的相对性，即"合同相对性"。合同相对性是指合同仅于合同当事人之间发生法律效力，合同当事人不得约定涉及第三人利益的事项并在合同中设定第三人的权利义务，否则该约定无效。鉴于监理人与承包人之间并无任何合同关系，因此监理人的权力存在着"基于法律规定赋予的权力"和"基于发包人授权赋予的权力"两种情形，可能会导致在监理人和发包人的权限分配中产生突破合同相对性的情形而容易引发承发包双方甚至是发包人和监理人、承包人和监理人之间的争议。

中华人民共和国简明标准施工招标文件 （2012 年版） 第四章　第一节　通用合同条款	评　　注
	为了避免上述情形的发生，3.1.1 款规定了"监理人所发出的任何指示应视为已得到发包人的批准"，即默示监理人已取得发包人授权。发包人对此条款应当予以高度重视。
3.1.2　合同约定应由承包人承担的义务和责任，不因监理人对承包人文件的审查或批准，对工程、材料和工程设备的检查和检验，以及为实施监理作出的指示等职务行为而减轻或解除。	3.1.2 款明确了监理人实施的审查或批准等监督管理行为的性质。在建设工程合同中，监理人承担发包人委托的工程监督、检查、验收等监理工作，监理人按与发包人签署的监理委托合同承担工程监理责任。监理人不是工程施工的直接责任人，承包人履行合同中的任何错误造成的损失，不因监理人的任何失职行为而减轻承包人应承担的责任。
3.2　总监理工程师 　　发包人应在发出开工通知前将总监理工程师的任命通知承包人。	3.2 款是总监理工程师任命程序的约定。 　　总监理工程师是监理人派驻工地履行监理人职责的全权负责人，主持现场监理机构的日常工作，履行合同约定的职责。总监理工程师由监理人任命，并在发出开工通知前由发包人通知承包人，以便承包人提前做好总监理工程师进驻工地开展监理工作的准备。任命总监理工程师的通知应以书面形式发出并保留签收记录。
3.3　监理人员 　　**3.3.1**　总监理工程师可以授权其他监理人员负责执行其指派的一项或多项监理工作。总监理工程师应将被授权监理人员的姓名及其授权范围通知承包人。被授权的监理人员在授权范围内发出的指示视为已得到总监理工程师的同意，与总监理工程师发出的指示具有同等效力。总监理工程师撤销某项授权时，应将撤销授权的决定及时通知发包人和承包人。 　　**3.3.2**　监理人员对承包人文件、工程或其采用的材料和工程设备未在约定的或合理的期限内提出否定意见的，视为已获批准，但不影响监理人在以后拒绝该项工作、工程、材料或工程设备的权利，监理人的拒绝应当符合法律规定和合同约定。	3.3 款是关于监理工程师的权力及义务约定。 　　3.3.1 款约定总监理工程师可以决定授权或撤销其他监理人员，并将决定通知承包人，被授权的监理人员对总监理工程师负责；被授权的监理人员在授权范围内行使其权力与总监理工程师行使权力具有同等效力。 　　3.3.2 款约定了监理人员的"默示条款"。默示条款是指一方当事人在合理或约定的期限内对另一方当事人提出的申请或要求未予回应，则视为对方当事人的申请或要求被接受。但是监理人员仍可在事后检查并拒绝该项工作、工程或其采

中华人民共和国简明标准施工招标文件 （2012年版） 第四章　第一节　通用合同条款	评　注
	用的材料或工程设备。《最高人民法院关于贯彻执行〈中华人民共和国民法通则〉若干问题的意见》第六十六条规定，一方当事人向对方当事人提出民事权利的要求，对方未用语言或者文字明确表示意见，但其行为表明已接受的，可以认定为默示。不作为的默示只有在法律有规定或者当事人双方有约定的情况下，才可以视为意思表示。
3.3.3　承包人对总监理工程师授权的监理人员发出的指示有疑问的，可在该指示发出的48小时内向总监理工程师提出书面异议，总监理工程师应在48小时内对该指示予以确认、更改或撤销。	3.3.3款约定了承包人的"质疑权"，并对总监理工程师的答复义务作出了时限约定，即应在48小时内作出答复。承包人应认清自己的合同义务，如认为总监理工程师指示超越了合同约定的工作范围，应及时提出，并提出有关证据，证明自己的权利，保护自己的利益。
3.3.4　除专用合同条款另有约定外，总监理工程师不应将第3.5款约定应由总监理工程师作出确定的权力授权或委托给其他监理人员。	3.3.4款是关于对总监理工程师授权范围限制的约定。鉴于3.5款赋予总监理工程师的确定权力非常广泛，当然包括了工期、造价等涉及承发包双方重大利益的事项，除《专用合同条款》另有约定外，不能授权或委托给其他监理人员行使。
3.4　监理人的指示	3.4款是关于监理人发出指示的形式、程序及相关责任的约定。监理人发出的所有指示是合同管理的重要文件，承包人应注意保存。
3.4.1　监理人应按第3.1款的约定向承包人发出指示，监理人的指示应盖有监理人授权的施工场地机构章，并由总监理工程师或总监理工程师按第3.3.1项约定授权的监理人员签字。	3.4.1款明确监理人发出监理指示的形式要件，应采用书面形式，应由总监理工程师或其授权的监理人员签字，并同时加盖现场监理机构项目印章。监理人应对在施工现场使用的印章明确使用范围并加强管理。
3.4.2　承包人收到监理人按第3.4.1项作出的指示后应遵照执行。指示构成变更的，应按第9条处理。	3.4.2款是关于承包人有执行监理人指示义务的约定。 承包人应按监理人的指示遵照执行，构成变更的则按合同约定的变更程序处理。
3.4.3　在紧急情况下，总监理工程师或被授权的监理人员可以当场签发临时书面指示，承包人	3.4.3款是关于监理人签发监理书面指示的程序约定。在紧急情况下，总监理工程师或其被授权

中华人民共和国简明标准施工招标文件 （2012 年版） 第四章　第一节　通用合同条款	评　　注
应遵照执行。承包人应在收到上述临时书面指示后24 小时内，向监理人发出书面确认函。监理人在收到书面确认函后 24 小时内未予答复的，该书面确认函应被视为监理人的正式指示。	的监理人员可以当场发出指示，承包人也应遵照执行，并在收到该指示后 24 小时内要求监理人书面确认。监理人在收到确认函后 24 小时内未答复的，视同确认。
3.4.4　除合同另有约定外，承包人只从总监理工程师或按第 3.3.1 项被授权的监理人员处取得指示。	根据 3.4.4 款的约定，承包人应当只从总监理工程师或其授权的监理人员处取得指示。任何来自于监理人的但并非总监理工程师或其授权的监理人员的指示，除非合同另有约定，承包人有权拒绝接受。
3.4.5　由于监理人未能按合同约定发出指示、指示延误或指示错误而导致承包人费用增加和（或）工期延误的，由发包人承担赔偿责任。	3.4.5 款因监理工程师未及时或错误发出指示导致承包人的损失，由发包人承担赔偿责任。发包人先行承担赔偿责任后，可根据监理工程师过错程度向监理单位追偿。
3.5　商定或确定 　　**3.5.1**　合同约定总监理工程师应按照本款对任何事项进行商定或确定时，总监理工程师应与合同当事人协商，尽量达成一致。不能达成一致的，总监理工程师应认真研究后审慎确定。	3.5 款是关于总监理工程师的独立地位条款。 　　3.5.1 款约定赋予总监理工程师对合同当事人不能达成一致意见的任何事项的确定权力，鉴于"任何事项"包括了工期、造价等涉及承发包双方重大利益的事项，总监理工程师应当认真研究后审慎确定。
3.5.2　总监理工程师应将商定或确定的事项通知合同当事人，并附详细依据。对总监理工程师的确定有异议的，构成争议，按照第 17 条的约定处理。在争议解决前，双方应暂按总监理工程师的确定执行，按照第 17 条的约定对总监理工程师的确定作出修改的，按修改后的结果执行。	3.5.2 款约定了当对总监理工程师的确定有异议时的处理方法，构成争议的可按争议解决条款处理。为提高合同履行效率，在争议解决前，双方应暂按总监理工程师的确定执行。按合同争议解决条款处理程序约定对总监理工程师作出的确定有修改的，则按修改后的结果执行。 　　根据《建设工程监理规范》6.5.2 款规定，在总监理工程师签发合同争议处理意见后，建设单位或承包单位在施工合同规定的期限内未对合同争议处理决定提出异议，在符合施工合同的前提下，此意见应成为最后的决定，双方必须执行。注意《建设工程监理规范》第 6.5.3 款还赋予了监理人独立的法律人格与地位："在合同争议的仲裁或诉讼过程中，项目监理机构接到仲裁机关或法院要求提供有关证据的通知后，应公正地向仲裁机关或法院提供与争议有关的证据"。

第4条 承包人，通用合同条款评注

中华人民共和国简明标准施工招标文件 （2012年版） 第四章 第一节 通用合同条款	评 注
4.1 承包人的一般义务	4.1款是关于承包人义务的一般原则性约定。 承包人是工程的具体实施者，不仅有义务按期、保质地完成建设工程，还有义务保证在项目实施过程中的行为方式正确、恰当，不损害发包人、项目其他参与人、公众、雇员等各方利益，不得对环境造成损害等。
4.1.1 承包人应按合同约定以及监理人根据第3.4款作出的指示，实施、完成全部工程，并修补工程中的任何缺陷。	4.1.1款是关于承包人完成各项承包工作义务的约定。 承包人未按合同约定履行义务时，应当承担相应的责任。
4.1.2 除合同另有约定外，承包人应提供为按照合同完成工程所需的劳务、材料、施工设备、工程设备和其他物品，以及按合同约定的临时设施等。	4.1.2款是关于承包人提供工程物资义务的约定。 承包人负责按合同约定提供所需的劳务、材料等工程设备和其他物品，以及临时设施等，保证工程建设顺利进行。
4.1.3 承包人应对所有现场作业、所有施工方法和全部工程的完备性、稳定性和安全性负责。	4.1.3款是关于承包人对施工作业和施工方法的完备性负责的约定。 承包人对所有施工作业和施工方法的完备性和安全可靠性负有全部责任，包括但不限于合同没有约定的具体施工作业和施工方法。
4.1.4 承包人应按照法律规定和合同约定，负责施工场地及其周边环境与生态的保护工作。	4.1.4款是关于承包人对施工场地及其周边环境与生态保护工作负责的约定。 承包人应遵守有关环境与生态保护的法律、法规规定。承包人应采取切实的施工安全措施及环境保护措施，确保工程及其人员、材料、设备和设施的安全。
4.1.5 工程接收证书颁发前，承包人应负责照管和维护工程。工程接收证书颁发时尚有部分未竣工工程的，承包人还应负责该未竣工工程的照管和维护工作，直至竣工后移交给发包人为止。	4.1.5款是关于承包人对工程的维护和照管义务的约定。 承包人在工程接收证书颁发前，直至竣工后将工程移交给发包人为止的期间内，应照管和维护好工程，包括尚未竣工的工程部分。

中华人民共和国简明标准施工招标文件 （2012年版） 第四章　第一节　通用合同条款	评　注
4.1.6　承包人应履行合同约定的其他义务。	4.1.6款是承包人其他义务的约定。 合同约定的其他义务，包括合同文件中约定承包人应做的其他工作。如承包人对发包人的保障义务；保密义务；对材料与设备供应商的支付义务等。承包人的义务散见于《通用合同条款》和《专用合同条款》的各条款中，实践中要注意特别约定承包人工作的费用承担问题。
4.2　履约担保	4.2款是提供履约担保时承发包双方各自义务的约定。 发包人要求承包人提交履约担保，是预防承包人在工期延误和施工工程质量达不到约定标准的情况下，能够得到相应的赔偿。履约担保使得合同履行有了保证、对于违约行为有了补救措施。履约担保文件通常在合同签订前由承包人提交给发包人，履约担保的格式在合同附件中予以列明；履约担保的方式，可以是银行保函、或是担保公司保证担保以及承发包双方同意的其他担保方式；履约担保的金额用以补偿发包人因承包人违约造成的损失，其担保额度可视项目合同的具体情况约定。
4.2.1　承包人应保证其履约担保在发包人颁发工程接收证书前一直有效。发包人应在工程接收证书颁发后28天内把履约担保退还给承包人。	4.2.1款约定了承包人应保证其履约担保在发包人颁发工程接收证书前一直有效。为保护承包人利益，本款也约定发包人在工程接收证书颁发后28天内把履约担保保函退还给承包人或解除有关担保合同。
4.2.2　如工程延期，承包人有义务继续提供履约担保。由于发包人原因导致延期的，继续提供履约担保所需的费用由发包人承担；由于承包人原因导致延期的，继续提供履约担保所需费用由承包人承担。	4.2.2款约定了承包人在工程延期情形下有继续提供履约担保的义务。而继续提供履约担保所需的费用则根据造成工程延期的原因不同，由责任者承担此费用。
4.3　承包人项目经理 　　承包人应按合同约定指派项目经理，并在约定的期限内到职。承包人项目经理应按合同约定以及监理人按第3.4款作出的指示，负责组织合同工程的实施。承包人为履行合同发出的一切函件均应盖	4.3款是承包人项目经理职责和权力的约定。 项目经理的资质、能力、经验、专业水平决定了建设工程项目能否顺利组织实施。 项目经理由承包人按照合同协议书约定指派并在约定期内到职。项目经理的具体职责即按合同

中华人民共和国简明标准施工招标文件 （2012年版） 第四章 第一节 通用合同条款	评 注
有承包人授权的施工场地管理机构章，并由承包人项目经理或其授权代表签字。	约定和监理人指示，组织实施合同。承包人发出的函件，必须符合4.3款约定的形式：由项目经理或其授权代表签字，并加盖施工场地管理机构章。项目经理授权的其下属人员在授权范围内履行职责应视为已得到项目经理同意，与项目经理履行职责具有同等效力。项目经理撤销某项授权时，应将撤销授权的决定及时通知监理人及/或发包人。 　　承包人应注意防范因授权不明发生表见代理的后果，要高度重视对项目经理的授权范围和项目经理部印章的刻制和管理，必要时应咨询专业律师。
4.4 工程价款应专款专用 　　发包人按合同约定支付给承包人的各项价款应专用于合同工程。	4.4款是承包人对工程价款专款专用的义务约定。 　　虽然承包人可能同时承揽几项工程，但是本款规定要求承包人应严格做到工程价款专用于特定发包人名下的工程，不得挪用或拆借。工程价款专款专用是保证工程顺利实施的重要保障。 　　工程价款专款专用涉及到预付款、工程进度付款、计日工付款、价格调整付款等条款约定。对政府投资、国库资金支付有专门和严格的规定，承包人也必须切实履行。
4.5 不利物质条件 　　**4.5.1** 不利物质条件，除专用合同条款另有约定外，是指承包人在施工场地遇到的不可预见的自然物质条件、非自然的物质障碍和污染物，包括地下和水文条件，但不包括气候条件。 　　**4.5.2** 承包人遇到不利物质条件时，应采取适应不利物质条件的合理措施继续施工，并及时通知监理人，通知应载明不利物质条件的内容以及承包人认为不可预见的理由。监理人应当及时发出指示，指示构成变更的，按第9条约定执行。监理人没有发出指示的，承包人因采取合理措施而增加的费用和（或）工期延误，由发包人承担。	4.5款是对不利物质条件的约定。 　　4.5.1款对不利物质条件进行了界定，明确不包括气候条件，也不包括不可抗力。承发包双方须注意："不利物质条件"可以由双方在《专用合同条款》中自由约定。 　　4.5.2款约定了在遇到不利物质条件时承包人的义务。此时，承包人应采取合理措施继续施工，并及时通知监理人，监理人也应及时发出指示，指示构成变更的按变更约定执行。监理人没有发出指示的或监理人发出的指示不构成变更时，承包人因采取合理措施而增加的费用和（或）工期延误的，均应由发包人承担。

第5条　施工控制网，通用合同条款评注

中华人民共和国简明标准施工招标文件 （2012年版） 第四章　第一节　通用合同条款	评　　注
5.1　发包人应在专用合同条款约定的期限内，通过监理人向承包人提供测量基准点、基准线和水准点及其书面资料。除专用合同条款另有约定外，承包人应根据国家测绘基准、测绘系统和工程测量技术规范，按上述基准点（线）以及合同工程精度要求，测设施工控制网，并在专用合同条款约定的期限内，将施工控制网资料报送监理人审批。	5.1款约定了承发包双方在施工控制网方面各自的义务。 　　发包人应按约定时间向承包人提供测量基准点、基准线和水准点及其书面资料。《建设工程质量管理条例》第九条规定："建设单位必须向有关的勘察、设计、施工、工程监理等单位提供与建设工程有关的原始资料。原始资料必须真实、准确、齐全"。承包人也应按规定测设施工控制网，并将施工控制网相关资料按约定期限报监理人批准。 　　施工控制网为该施工区域设置的测量控制网，作用就是控制该区域施工三维位置（平面位置和高程），即施工放样用的众多已知点（导线点、水准点）组成的一个控制网。
5.2　承包人应负责管理施工控制网点。施工控制网点丢失或损坏的，承包人应及时修复。承包人应承担施工控制网点的管理与修复费用，并在工程竣工后将施工控制网点移交发包人。	5.2款约定了承包人管理施工控制网点的义务。 　　在整个施工过程中，承包人应负责管理施工控制网点，并承担由此发生的管理与修复费用，直至工程竣工后将施工控制网点移交发包人。

第6条　工期，通用合同条款评注

中华人民共和国简明标准施工招标文件 （2012年版） 第四章　第一节　通用合同条款	评　注
6.1　进度计划 　　承包人应按照专用合同条款约定的时间，向监理人提交进度计划。经监理人审批后的进度计划具有合同约束力，承包人应当严格执行。实际进度与进度计划不符时，监理人应当指示承包人对进度计划进行修订，重新提交给监理人审批。	6.1款是关于承包人进度计划报送、审批及修订的约定。 　　编制进度计划目的在于确定各个建筑产品及其主要工种、分部分项工程的准备工作和工程的施工期限、开工、竣工日期和各个期限之间的相互关系，以及施工场地布置、临时设施、机械设备、临时用水用电、交通运输安排和投入使用情况。 　　承包人将进度计划提交监理人审批后，承包人应严格执行。如承包人实际进度情况落后于计划进度时，监理人应及时指示承包人修订进度计划，以保证工程实施进度。
6.2　工程实施 　　监理人应在开工日期7天前向承包人发出开工通知。承包人应在第1.1.4.3目约定的期限内完成合同工程。实际竣工日期在接收证书中写明。	6.2款对工程实施期限作出了约定。 　　承包人须特别注意开工日期的确定：须监理人在开工日期7天前向承包人发出开工通知。工期的起算日期是以开工通知载明的为准。开工日期是发包人批准的日期，而不一定是合同约定的日期。监理人应及时向承包人发出开工通知，若延误发出开工通知，将可能使承包人失去开工的最佳时机，从而打乱承包人工作计划，影响工程工期，并可能导致索赔。 　　承包人应按时开工及按期竣工。实际竣工日期应在工程接收证书中写明，接收证书上写明的日期将作为衡量工期延误或提前的依据。
6.3　发包人引起的工期延误 　　在履行合同过程中，由于发包人的下列原因造成工期延误的，承包人有权要求发包人延长工期和（或）增加费用，并支付合理利润。需要修订合同进度计划的，按照第6.1款的约定执行。 　　（1）增加合同工作内容； 　　（2）改变合同中任何一项工作的质量要求或其他特性； 　　（3）发包人迟延提供材料、工程设备或变更交货地点； 　　（4）因发包人原因导致的暂停施工；	6.3款是因发包人原因导致工期延误的情况及其责任承担约定。 　　我国《合同法》第二百八十三条规定，发包人未按照约定的时间和要求提供原材料、设备、场地、资金、技术资料的，承包人可以顺延工程日期，并有权要求赔偿停工、窝工等损失。 　　本款列举了发包人造成工期延误的六项原因，第（7）项中的"其他原因"承发包双方可在《专用合同条款》中作进一步补充和明确。根据本款约定，因发包人原因导致的工期延误，承包人有要求支付合理利润的权利。

中华人民共和国简明标准施工招标文件 （2012 年版） 第四章　第一节　通用合同条款	评　　注
（5）提供图纸延误； （6）未按合同约定及时支付预付款、进度款； （7）发包人造成工期延误的其他原因。	工期延误涉及工程的竣工、工期违约等重大权利义务的行使和分担，也是引发承发包双方争议的重大事项，因此双方应给予足够的重视。工期延误亦是工程建设过程中最常见的现象，承发包双方可合理利用合同条款赋予双方的权利和义务，做好工期方面争议的防范、控制和解决。
6.4　异常恶劣的气候条件 　　由于出现专用合同条款约定的异常恶劣气候导致工期延误的，承包人有权要求发包人延长工期。	6.4 款是因异常恶劣的气候条件导致工期延误时的责任承担约定。 　　由于出现异常恶劣的气候条件时，承包人应采取措施，避免因异常恶劣的气候条件造成损失，同时有权要求发包人延长工期。异常恶劣的气候条件的具体范围，承发包双方应在《专用合同条款》中作进一步明确。
6.5　承包人引起的工期延误 　　由于承包人原因造成工期延误，承包人应按照专用合同条款中约定的逾期竣工违约金计算方法和最高限额，支付逾期竣工违约金。承包人支付逾期竣工违约金，不免除承包人完成工程及修补缺陷的义务。	6.5 款是因承包人原因导致工期延误的责任承担约定。 　　因承包人自身原因导致工期延误，应采取有效措施赶上施工进度，赶工费用由承包人自己承担。但采取赶工措施仍不能按合同约定完工时，应按《专用合同条款》的约定支付逾期竣工违约金。承包人因工期延误承担违约责任的主要形式是继续履行、违约金、损害赔偿。 　　避免和减少工期延误以及由此造成的损失，承包人可以从以下两方面加以控制：（1）通过科学编制进度计划，并根据工程的实际进度适时进行调整；（2）在《专用合同条款》中进一步明确工期延误的情形和处理方法。 　　关于合同中约定工期延误违约金的数额过分高于或者低于实际损失时当事人可否请求法院或仲裁机构予以调整的问题，可参考我国《合同法》第一百一十四条的规定："当事人可以约定一方违约时应当根据违约情况向对方支付一定数额的违约金，也可以约定因违约产生的损失赔偿额的计算方法。约定的违约金低于造成的损失的，当事人可以请求人民法院或者仲裁机构予以增加；约定的违约金过分高于造成的损失的，当事人可以请求人民法院或者仲裁机构予以适当减少。当事人就迟延履行约定违约金的，违约方支付违约金后，还应当履行债务。"

中华人民共和国简明标准施工招标文件 （2012 年版） 第四章　第一节　通用合同条款	评　　注
	违约方也应注意最高人民法院《关于适用中华人民共和国合同法若干问题的解释（二）》（法释〔2009〕5 号）第二十九条的规定。当事人主张约定的违约金过高请求予以适当减少的，人民法院应当以实际损失为基础，兼顾合同的履行情况、当事人的过错程度以及预期利益等综合因素，根据公平原则和诚实信用原则予以衡量，并作出裁决。当事人约定的违约金超过造成损失的百分之三十的，一般可以认定为合同法第一百一十四条第二款规定的"过分高于造成的损失"。 　　在工程实践中，对于是否逾期竣工，以及造成逾期竣工的责任方，是最容易引发承、发包双方之间争议的事项，因此双方都有必要对关于本款在专用条款中的约定给予足够的重视。

第7条 工程质量，通用合同条款评注

中华人民共和国简明标准施工招标文件 （2012年版） 第四章 第一节 通用合同条款	评 注
7.1 工程质量要求 工程质量验收按照合同约定的验收标准执行。	7.1款是对工程质量要求的约定。 工程质量的具体验收标准和要求通常在技术标准和要求中进行约定。承包人的质量义务内容一般可概括为：（1）按设计图纸及技术标准施工；（2）对建筑材料、配件、设备进行检验；（3）竣工工程符合质量标准；（4）质量保修及缺陷责任期的缺陷修复。 最高人民法院《关于审理建设工程施工合同纠纷案件适用法律问题的解释》第十一条规定，因承包人的过错造成建设工程质量不符合约定，承包人拒绝修理、返工或者改建，发包人请求减少支付工程价款的，应予支持。我国法律对承包人质量责任的归责原则实行的是过错责任原则。
7.2 监理人的质量检查 监理人有权对工程的所有部位及其施工工艺、材料和工程设备进行检查和检验。监理人的检查和检验，不免除承包人按合同约定应负的责任。	7.2款约定了监理人对工程质量检查和检验的权力。 监理人有权对承包人实施的工程，以及任何为施工目的作业进行质量检查，检查发现工程质量不符合要求时，有权要求承包人重新进行返工，直至符合验收标准为止。监理人的检查和检验原则上不应影响施工的正常进行。承包人应为监理人的质量检查和检验提供必要的协助。 监理人检查和检验的工作方式是按照工程监理规范的要求，采取旁站、巡视、平行检验等形式，对建设工程实施监理。因监理人在检查和检验中出现的错误或不当指示产生的法律责任将由发包人承担。《建设工程质量管理条例》第三十六条规定，工程监理单位应当依照法律、法规以及有关技术标准、设计文件和建设工程承包合同，代表建设单位对施工质量实施监理，并对施工质量承担监理责任。
7.3 工程隐蔽部位覆盖前的检查 经承包人自检确认的工程隐蔽部位具备覆盖条件后，承包人应通知监理人在约定的期限内检查。监理人应按时到场检查。监理人未到场检查的，除监理人另有指示外，承包人可自行完成覆盖工作。无论监理人是否到场检查，对已覆盖的工程隐蔽部	7.3款是关于对工程隐蔽部位进行覆盖前承发包双方各自义务的约定。 由于隐蔽工程在施工中一旦完成隐蔽，将很难再对其进行质量检查，或者说这种检查往往成本相对比较大，因此必须在隐蔽前进行检查验收。隐蔽部位质量缺陷是导致工程重大安全、质量事故

中华人民共和国简明标准施工招标文件 （2012年版） 第四章　第一节　通用合同条款	评　　注
位，监理人可要求承包人对已覆盖的部位进行钻孔探测或重新检验，承包人应遵照执行，并在检验后重新覆盖恢复原状。经检验证明工程质量符合合同要求的，由发包人承担由此增加的费用和（或）工期延误，并支付承包人合理利润；经检验证明工程质量不符合合同要求的，由此增加的费用和（或）工期延误，由承包人承担。 　　承包人未通知监理人到场检查，私自将工程隐蔽部位覆盖的，监理人有权指示承包人钻孔探测或揭开检查，无论工程隐蔽部位质量是否合格，由此增加的费用和（或）工期延误由承包人承担。	的根本原因，隐蔽部位覆盖前的质量检查应成为确保工程质量的关键。承包人应重视隐蔽部位检查签证管理的重要性，强化对隐蔽工程覆盖检查的确认，尤其是要强化监理人未参加检查的签证管理，预防因签证资料不全产生的法律风险。 　　承包人应先做好自检，在确认工程隐蔽部位具备覆盖条件后及时书面通知监理人。监理人也应及时到场检查，经监理人检验合格并签字后，承包人才能进行下一道工序。监理人未按约定时间到场检验，承包人有自行覆盖的权利，以确保工程能够按计划顺利实施。承包人同时应做好相应记录报送监理人，监理人应当签字确认。 　　另外，本款赋予监理人在"质量存疑"情况下拥有绝对的重新检验权利；约定监理人此项权利的目的是为提高工程整体建设质量，以及加强承包人的责任心。按照公平原则，本款对重新检验结果和责任作了合理划分：（1）如重新检验质量不合格，则由承包人承担由此造成的费用和（或）工期延误损失；（2）如重新检验质量合格，由发包人承担由此增加的费用和（或）工期延误损失，并支付承包人合理利润。 　　因承包人未通知监理人在场私自将工程隐蔽部位覆盖后，监理人要求重新检验而增加的费用和工期延误责任则由承包人自行承担。
7.4　清除不合格工程 　　由于承包人的材料、工程设备，或采用施工工艺不符合合同要求造成的任何缺陷，监理人可以随时发出指示，要求承包人立即采取措施进行补救，直至达到合同要求的质量标准，由此增加的费用和（或）工期延误由承包人承担。	7.4款是因承包人原因导致的不合格工程的责任承担约定。 　　我国《合同法》第一百零七条规定，当事人一方不履行合同义务或者履行合同义务不符合约定的，应当承担继续履行、采取补救措施或者赔偿损失等违约责任。 　　承包人不按合同约定，使用了不合格的材料和工程设备，或采用了不适宜的施工工艺造成工程缺陷，监理人可发出指示要求承包人采取合理的补救措施，直至达到合格标准。承包人承担由此导致的费用和（或）工期延误损失。

第8条　试验和检验，通用合同条款评注

中华人民共和国简明标准施工招标文件 （2012年版） 第四章　第一节　通用合同条款	评　注
8.1　材料、工程设备和工程的试验和检验	8.1款是对使用于工程的材料、设备及工程本身试验和检验的约定。 《建设工程质量管理条例》第二十九条规定，施工单位必须按照工程设计要求、施工技术标准和合同约定，对建筑材料、建筑构配件、设备和商品混凝土进行检验，检验应当有书面记录和专人签字；未经检验或者检验不合格的，不得使用。
8.1.1　承包人应按合同约定进行材料、工程设备和工程的试验和检验，并为监理人对上述材料、工程设备和工程的质量检查提供必要的试验资料和原始记录。按合同约定应由监理人与承包人共同进行试验和检验的，由承包人负责提供必要的试验资料和原始记录。	8.1.1款约定了承包人应对工程使用的各项材料和设备以及工程本身进行各项试验和检验。承包人进行前述试验和检验，包括与监理人共同进行的试验和检验，均应做好记录，特别是保存好当时的原始记录。
8.1.2　监理人未按合同约定派员参加试验和检验的，除监理人另有指示外，承包人可自行试验和检验，并应立即将试验和检验结果报送监理人，监理人应签字确认。	8.1.2款约定了监理人未按约定时间参加试验和检验的，承包人可自行试验和检验，监理人应签字确认承包人的试验和检验结果。
8.1.3　监理人对承包人的试验和检验结果有疑问的，或为查清承包人试验和检验成果的可靠性要求承包人重新试验和检验的，可按合同约定由监理人与承包人共同进行。重新试验和检验的结果证明该项材料、工程设备或工程的质量不符合合同要求的，由此增加的费用和（或）工期延误由承包人承担；重新试验和检验结果证明该项材料、工程设备和工程符合合同要求，由发包人承担由此增加的费用和（或）工期延误，并支付承包人合理利润。	8.1.3款是监理人在对试验和检验结果存疑时的处理约定。 按照公平原则，本款对重新试验和检验结果责任作了合理划分：（1）如重新试验和检验质量不符合要求，则由承包人承担由此造成的费用和（或）工期延误损失；（2）如重新试验和检验质量符合要求，由发包人承担由此增加的费用和（或）工期延误损失，并支付承包人合理利润。
8.2　现场材料试验	8.2款是关于工程现场材料试验的约定。
8.2.1　承包人根据合同约定或监理人指示进行的现场材料试验，应由承包人提供试验场所、试验人员、试验设备器材以及其他必要的试验条件。	8.2.1款约定承包人负有提供现场材料试验条件的义务。 建筑材料性能的优劣直接影响着工程质量的好

41

中华人民共和国简明标准施工招标文件 （2012 年版） 第四章　第一节　通用合同条款	评　注
	坏。承包人现场材料试验，主要包括用于承重结构的混凝土、砂浆试件；用于结构工程的主要受力钢筋；用于工程的主要原材料质量；石材幕墙、玻璃幕墙、铝合金窗、塑钢窗材料等以及监理工程师和发包人认为必要的其他试验项目。
8.2.2　监理人在必要时可以使用承包人的试验场所、试验设备器材以及其他试验条件，进行以工程质量检查为目的的复核性材料试验，承包人应予以协助。	8.2.2 款约定监理人在必要时可免费使用承包人提供的试验条件进行复核性材料试验，承包人有协助的义务。

第9条 变更，通用合同条款评注

中华人民共和国简明标准施工招标文件 （2012 年版） 第四章 第一节 通用合同条款	评 注
9.1 变更权 　　在履行合同过程中，经发包人同意，监理人可按第9.2 款约定的变更程序向承包人作出变更指示，承包人应遵照执行。	9.1 款是关于有权提请变更主体的约定。 　　本款约定了发包人经监理人可以在施工期间对工程进行变更，并对变更时间作了限制。承包人不得自行对工程进行变更。 　　工程项目的复杂性决定了发包人在招标阶段所确定的方案往往存在某方面的不足。随着工程的进展以及其他外部因素的影响，往往在工程施工期间需要对工程的范围和技术要求等进行修改，导致工程变更。 　　鉴于建设工程施工合同的特点，工程变更条款在整个施工合同条件中的具有重要的地位。工程变更条款不仅与合同价款有关，更与工期的延误或者索赔直接相关，应当引起承发包双方的高度重视。
9.2 变更程序 　　承包人应在收到变更指示 14 天内，向监理人提交变更报价书。监理人应审查，并在收到承包人变更报价书后 14 天内，与发包人和承包人共同商定此估价。在未达成协议的情况下，监理人应确定该估价。	9.2 款是关于监理人指示变更时的处理程序约定。 　　承包人在收到监理人发出的变更指示后，应按时提交书面变更报价书，说明变更对合同价格和工期的影响。监理人也应按时审查，并最终确定变更估价。 　　在工程实践中，变更有可能引起工程量增减，工程量的变化又有可能影响工期。因此作为承包人应建立完善的变更管理制度，对各项变更做好跟踪记录，防范因变更引起的造价和工期法律风险。完备有效的变更文件也利于妥善处理相关变更争议。
9.3 变更的估价原则 　　除专用合同条款另有约定外，因变更引起的价格调整按照本款约定处理： 　　（1）已标价工程量清单中有适用于变更工作的子目的，采用该子目的单价； 　　（2）已标价工程量清单中无适用于变更工作的子目，但有类似子目的，可在合理范围内参照类似项目，由监理人按第3.5 款商定或确定变更工作的单价；	9.3 款是关于变更估价原则的约定。 　　本款约定的估价原则是以已标价工程量清单为主要依据。 　　2003 年我国建设工程领域开始使用工程量清单计价方式，以满足承发包双方对解决工程价款调整争议的需求。工程量清单计价方式对图纸和清单的详细程度要求较高，因此发包人在招标投标或签订施工合同时，工程量清单的编制应尽可能详细、清楚，避免漏项、错项。

中华人民共和国简明标准施工招标文件 （2012年版） 第四章　第一节　通用合同条款	评　　注
（3）已标价工程量清单中无适用或类似子目的单价，可按照成本加利润的原则，由监理人按第3.5款商定或确定变更工作的单价。	
9.4　暂列金额 　　暂列金额只能按照监理人的指示使用，并对合同价格进行相应调整。	9.4款是关于暂列金额使用程序及使用范围的约定。 　　暂列金额是发包人在工程量清单中暂定并包括在合同价款中的一笔款项。用于施工合同签订时尚未确定或者不可预见的所需材料、设备、服务的采购，施工中可能发生的工程变更、合同约定调整因素出现时的工程价款调整以及发生的索赔、现场签证确认等的费用。 　　暂列金额在发包人提供的工程量清单中专项列出，且只能按照监理人的指示使用。设立暂列金额并不能保证合同结算价格就不会再出现超过合同价格的情况，是否超出合同价格完全取决于工程量清单编制人对暂列金额预测的准确性，以及工程建设过程是否出现其他事先未能预测的事件。扣除实际发生金额后的暂列金额余额仍属于发包人所有。
9.5　计日工	9.5款是关于使用计日工方式时的约定。 　　计日工俗称"点工"，是指在施工过程中完成发包人提出的施工图纸以外的零星项目或工作并按合同中约定的综合单价计价。
9.5.1　发包人认为有必要时，由监理人通知承包人以计日工方式实施变更的零星工作。其价款按列入已标价工程量清单中的计日工计价子目及其单价进行计算。	9.5.1款是采用计日工方式时的有关计价方式约定。 　　当工程量清单所列各项均没有包括，而这种例外的附加工作出现的可能性又很大，并且这种例外的附加工作的工程量很难估计时，通常用计日工明细表的方法来处理这种例外。 　　零星的变更工作采用计日工方式结算较为方便。通常在招标文件中有计日工明细表，列出有关施工设备、常用材料和各类人员等项目，要求承包人填报单价。经发包人确认后列入合同文件，作为计价的依据。

中华人民共和国简明标准施工招标文件 （2012 年版） 第四章　第一节　通用合同条款	评　注
9.5.2　采用计日工计价的任何一项变更工作，应从暂列金额中支付，承包人应在该项变更的实施过程中，每天提交以下报表和有关凭证报送监理人审批： 　　（1）工作名称、内容和数量； 　　（2）投入该工作所有人员的姓名、工种、级别和耗用工时； 　　（3）投入该工作的材料类别和数量； 　　（4）投入该工作的施工设备型号、台数和耗用台时； 　　（5）监理人要求提交的其他资料和凭证。 　　**9.5.3**　计日工由承包人汇总后，按第 10.3 款的约定列入进度付款申请单，由监理人复核并经发包人同意后列入进度付款。	9.5.2 款是采用计日工方式时的有关支付程序约定。 　　本款约定承包人应每天将计日工作的报表和相关凭证报送监理人批准。 　　为了获得合理的计日工单价，计日工表中应当给出暂定数量，并且需要根据经验，尽可能把项目列举全面并估算出一个贴近实际的准确数量。 　　根据本款约定，计日工报酬应从暂列金额中予以支付。 　　9.5.3 款是关于计日工结算的约定。 　　监理人应当复核承包人报送的实耗人工工时、材料用量和施工机械台时数以及计日工单价等。承包人应将汇总后的计日工作量及时列入当期进度付款申请中，监理人核定并报发包人同意后进行结算。

第10条 计量与支付，通用合同条款评注

中华人民共和国简明标准施工招标文件 （2012年版） 第四章 第一节 通用合同条款	评 注
10.1 计量 　　除专用合同条款另有约定外，承包人应根据有合同约束力的进度计划，按月分解签约合同价，形成支付分解报告，送监理人批准后成为有合同约束力的支付分解表，按有合同约束力的支付分解表分期计量和支付；支付分解表应随进度计划的修订而调整；除按照第9条约定的变更外，签约合同价所基于的工程量即是用于竣工结算的最终工程量。	10.1款是对工程计量支付程序的约定。 　　本款约定工程计量与支付根据有合同约束力的进度计划，按形象进度节点将价格分解到各支付周期中，汇总形成支付分解表，经监理人批准后，产生合同约束力。实际支付时，由监理人核实达到支付分解表的要求后，可支付经批准的金额。支付分解表根据工程实际进度完成情况，随进度计划的调整，定期进行修正。《专用合同条款》可以对此计量支付程序进一步补充约定。
10.2 预付款 　　预付款用于承包人为合同工程施工购置材料、工程设备、施工设备、修建临时设施以及组织施工队伍进场等。预付款的额度、预付办法，以及扣回与还清办法在专用合同条款中约定。预付款必须专用于合同工程。	10.2款是关于预付款的各项约定。 　　预付款又称"材料备料款"或"材料预付款"、"预付备料款"。预付款是建设工程施工合同订立后由发包人按照合同约定在正式开工前预支给承包人的工程款，是施工准备和所需材料、结构件等流动资金的主要来源。预付款的目的在于协助解决承包人在施工准备阶段资金周转问题。工程是否实行预付款，取决于工程性质、承包工程量的大小以及招标文件中的规定。承包人应在《专用合同条款》中根据工程类型、合同工期、承包方式和供应方式等不同条件详细约定预付款的额度及预付办法，并应对发包人逾期支付合同约定的预付款应承担的违约责任等进行明确约定。 　　通常建筑工程不应超过合同价格（包括水、电、暖）的30%；安装工程不应超过合同价格的10%。工程预付款比例较低时，承包人可以与发包人协商支付部分材料款并在当期工程进度款支付时予以扣除，以减轻资金压力。 　　应当注意定金与预付款的区别。所谓"定金"，是指合同当事人约定一方在合同订立时或在合同履行前预先给付对方一定数量的金钱，以保障合同债权实现的一种担保方式。预付款与定金具有某些相同之处，但两者的性质根本不同。预付款是一种支付手段，其目的是解决合同一方周转资金短缺。预付款不具有担保债的履行的作用，也不能证明合同的成立。收受预付款一方违约，只须返还所收款项，而无须双倍返还。

中华人民共和国简明标准施工招标文件 （2012 年版） 第四章　第一节　通用合同条款	评　　注
10.3　工程进度付款 　　承包人应在第 10.1 款约定的支付分解表确定的每个付款周期末，按监理人批准的格式和专用合同条款约定的份数，向监理人提交进度付款申请单，并附相应的支持性证明文件。除专用合同条款另有约定外，进度付款申请单应包括下列内容： 　　（1）截至本次付款周期末已实施工程的合同价款； 　　（2）根据第 9 条应增加和扣减的变更金额； 　　（3）根据第 16 条应增加和扣减的索赔金额； 　　（4）根据第 10.2 款应支付的预付款和扣减的返还预付款； 　　（5）根据第 10.4 款应扣减的质量保证金； 　　（6）根据合同应增加和扣减的其他金额。 　　监理人应在收到承包人进度付款申请单以及相应的支持性证明文件后的 7 天内完成核查，并向承包人出具经发包人签认的付款证书。发包人应在监理人收到进度付款申请单的 14 天内将进度应付款支付给承包人。涉及政府投资资金的，按照国库集中支付等国家相关规定和专用合同条款的约定执行。	10.3 款是对工程进度付款程序的约定。 　　工程进度款是建设工程工程款支付的主要方式，是指在施工过程中，按逐月（或形象进度、或控制界面等）完成的工程数量计算的各项费用总和。关于进度款的合理支付约定和清晰而完整的支付程序是承包人顺利获得工程款的一项重要保证。 　　承包人应注意本款约定的进度付款申请格式、内容、份数及相应的支持性证明文件，应经监理人批准。在实践中，为了避免承包人提交的进度付款申请单因格式和份数不被监理人接受而退还，可在《专用合同条款》中进一步将格式和份数确定下来。承包人还应及时按约定对工程中出现的合同价款变动与本期进度款同期调整；如调整增加，应一并申请支付；如调整减少，应进行同期扣减。 　　承包人应注意支付进度款的程序：（1）监理人出具"进度付款证书"的前提条件：监理人在收到承包人的进度付款申请 7 天内完成核查，并提经发包人审查同意；（2）发包人支付进度款的时间限制：在监理人收到"进度付款申请单"14 天内。如进度付款项目涉及政府投资资金的，应遵守国库集中支付的规定及《专用合同条款》的约定，并满足合同进度付款程序的要求。
10.4　质量保证金 　　监理人应从第一个付款周期开始，在发包人的进度付款中，按专用合同条款的约定扣留质量保证金，直至扣留的质量保证金总额达到专用合同条款约定的金额或比例为止。 　　在专用合同条款约定的缺陷责任期满时，承包人向发包人申请到期应返还承包人剩余的质量保证金金额，发包人应在 14 天内会同承包人按照合同约定的内容核实承包人是否完成缺陷责任，并将无异议的剩余质量保证金返还承包人。	10.4 款是关于质量保证金的约定。 　　为确保工程质量，我国《建设工程质量保证金管理暂行办法》第二条规定："建设工程质量保证金（保修金）是指发包人与承包人在建设工程承包合同中约定，从应付的工程款中预留，用以保证承包人在缺陷责任期内对建设工程出现的缺陷进行维修的资金"。 　　质量保证金总额应根据项目具体情况确定，通常为签约合同价格的 5%。质量保证金的扣留比例、扣留方式应在《专用合同条款》中进行明确。承包人应在约定的缺陷责任终止后，及时申请发包人退还剩余质量保证金，发包人应按约定期限退还，否则须承担逾期退还违约金。

中华人民共和国简明标准施工招标文件 （2012 年版） 第四章　第一节　通用合同条款	评　注
10.5　竣工结算	10.5 款是关于工程竣工结算价格和结算程序的约定。 　　竣工结算是指工程全部竣工时，承发包双方根据现场施工情况、设计变更、现场变更、定额、预算单价等资料进行合同价款的增减或调整计算的行为。竣工结算应按照合同有关条款和我国有关行政管理机构发布的价款结算办法的有关规定进行。
10.5.1　除专用合同条款另有约定外，竣工结算价格不因物价波动和法律变化而调整。	10.5.1 款是关于工程竣工结算价格的约定。 　　承包人应注意，如合同双方在《专用合同条款》中未对价格调整进行约定，工程竣工结算价格则不因物价波动和法律变化引起的价格波动而作调整。
10.5.2　工程接收证书颁发后，承包人应按专用合同条款约定的份数和期限向监理人提交竣工付款申请单，并提供相关证明材料。监理人应当在收到竣工结算申请单的 7 天内完成核查、准备竣工付款证书并送发包人审核，发包人应在收到后 14 天内提出具体意见或签认竣工付款证书，并在监理人收到竣工结算申请单的 28 天内将应付款支付给承包人。发包人未在约定时间内审核并提出具体意见或者签认竣工付款证书的，视为同意承包人提出的竣工付款金额。	10.5.2 款是关于工程竣工结算程序的约定。 　　承包人应将本条款与第 16.3 款联系适用，即承包人按第 10.5 款的约定接受了竣工付款证书后，应被认为已无权再提出在合同工程接收证书颁发前所发生的任何索赔。 　　在工程接收证书颁发后，承包人应尽早整理好完整的结算资料和相关证明材料，按约定向监理人提交竣工付款申请，监理人应在收到后 7 天内核查并向承包人出具经发包人签认的竣工付款证书。发包人竣工结算的期限为"监理人收到竣工结算申请单的 28 天内"。 　　本款约定了发包人"默示"条款，即发包人未在约定期限内审核又未提出具体意见的视为同意承包人提交的竣工付款申请。发包人也应及时行使权利，如对承包人提交的竣工付款申请有异议，可要求承包人修正和补充。 　　发包人应注意最高人民法院《关于审理建设工程施工合同纠纷案件适用法律问题的解释》第二十条的规定："当事人约定，发包人收到竣工结算文件后，在约定期限内不予答复，视为认可竣工结算文件的，按照约定处理。承包人请求按照竣工结算文件结算工程价款的，应予支持"。

中华人民共和国简明标准施工招标文件 （2012 年版） 第四章　第一节　通用合同条款	评　　注
10.5.3　竣工付款涉及政府投资资金的，按照国库集中支付等国家相关规定和专用合同条款的约定执行。	10.5.3 款竣工付款涉及政府投资资金时往往需要运用国库集中支付手段。国库集中支付是以国库单一账户体系为基础，以健全的财政支付信息系统和银行间实时清算系统为依托，支付款项时，由预算单位提出申请，经规定审核机构（国库集中支付执行机构或预算单位）审核后，将资金通过单一账户体系支付给收款人的制度。国库单一账户体系包括财政部门在同级人民银行设立的国库单一账户和财政部门在代理银行设立的财政零余额账户、单位零余额账户、预算外财政专户和特设专户。财政性资金的支付实行财政直接支付和财政授权支付两种方式。在国库集中支付方式下，预算单位按照批准的用款计划向财政支付机构提出申请，经支付机构审核同意后在预算单位的零余额账户中向收款人支付款项，然后通过银行清算系统由零余额账户与财政集中支付专户进行清算，再由集中支付专户与国库单一账户进行清算。由于银行间的清算是通过计算机网络实时进行的，因而财政支付专户和预算单位的账户在每天清算结束后都应当是零余额账户，财政资金的日常结余都保留在国库单一账户中。10.5.3 款约定了如竣工结算项目涉及政府投资资金的，应遵守国库集中支付的规定，并按合同约定的竣工结算程序执行。
10.6　付款延误 　　发包人不按期支付的，按专用合同条款的约定支付逾期付款违约金。	10.6 款是关于发包人未按约定付款的责任承担约定。 　　因发包人原因造成付款延误时应按专用合同条款的约定支付逾期付款违约金。可与前述第 6.5 款承包人的逾期竣工违约金条款相联系作出约定。

第 11 条 竣工验收，通用合同条款评注

中华人民共和国简明标准施工招标文件 （2012 年版） 第四章　第一节　通用合同条款	评　　注
11.1　竣工验收的含义	11.1 款对竣工验收和国家验收作出了明确约定。 "竣工验收"是体现建设工程已完成的里程碑事件，是建设工程施工中的关键环节和建设工程合同中的关键条款。竣工验收的通过意味着工程质量已符合相关标准的要求。承包人申请竣工验收应依据相关行业规范并满足建设工程进行竣工验收的技术经济条件及合同约定竣工验收的具体要求。 本款对竣工验收和国家验收进行了区分。
11.1.1　竣工验收是指承包人完成了全部合同工作后，发包人按合同要求进行的验收。	11.1.1 款定义的竣工验收，实践中通常称为"交工验收"。我国《建筑法》第六十一条规定，交付竣工验收的建筑工程，必须符合规定的建筑工程质量标准，有完整的工程技术经济资料和经签署的工程保修书，并具备国家规定的其他竣工条件。建筑工程竣工经验收合格后，方可交付使用；未经验收或者验收不合格的，不得交付使用。
11.1.2　需要进行国家验收的，竣工验收是国家验收的一部分。竣工验收所采用的各项验收和评定标准应符合国家验收标准。发包人和承包人为竣工验收提供的各项竣工验收资料应符合国家验收的要求。	11.1.2 款定义的"国家验收"，是指有关行政管理部门根据法律法规以及规范的要求组织实施的就整个工程正式交付使用前进行的验收。
11.2　竣工验收申请报告 　当工程具备竣工条件时，承包人即可向监理人报送竣工验收申请报告。	11.2 款约定了承包人提交竣工验收申请报告启动竣工验收程序的对象，即监理人。 　承包人应提前做好竣工验收各方面的准备工作，对于竣工资料的分类组卷应符合工程实际形成的规律，并按国家有关规定将所有竣工档案装订成册，并达到归档范围的要求。达到约定的所有竣工验收条件后，及时提出竣工验收申请。行业主管部门对竣工资料内容或份数有规定的，从其规定。

中华人民共和国简明标准施工招标文件 （2012 年版） 第四章　第一节　通用合同条款	评　　注
11.3　竣工和验收 　　监理人审查后认为具备竣工验收条件的，提请发包人进行工程验收。发包人经过验收后同意接收工程的，由监理人向承包人出具经发包人签认的工程接收证书。 　　除专用合同条款另有约定外，经验收合格工程的实际竣工日期，以提交竣工验收申请报告的日期为准，并在工程接收证书中写明。	11.3 款是关于颁发工程接收证书程序及确定竣工日期的约定。 　　承包人提交竣工验收申请报告后，监理人应审查后提请发包人在约定期限内进行竣工验收，经验收通过后向承包人颁发工程接收证书。 　　本款确定了实际竣工日期的原则，即工程接收证书上写明的实际竣工日期是提交竣工验收申请报告的日期。 　　实践中承发包双方往往对建设工程的实际竣工日期产生争议。此时应当按照以下情形分别予以认定：（1）建设工程经竣工验收合格的，以竣工验收合格之日为竣工日期；（2）承包人已经提交竣工验收报告，发包人拖延验收的，以承包人提交验收报告之日为竣工日期；（3）建设工程未经竣工验收，发包人擅自使用的，以转移占有建设工程之日为竣工日期；（4）建设工程竣工前，当事人对工程质量发生争议，工程质量经鉴定合格的，鉴定期间为顺延工期期间。
11.4　试运行 　　除专用合同条款另有约定外，承包人应按专用合同条款约定进行工程及工程设备试运行，负责提供试运行所需的人员、器材和必要的条件，并承担全部试运行费用。	11.4 款是关于试运行责任承担的约定。 　　建设工程移交正式投运前，必须经过试运行。 　　本款约定由承包人负责工程及工程设备的试运行，并承担试运行产生的全部费用。 　　考虑到各行业试运行的组织程序和费用承担有区别，增加了《专用合同条款》另有约定时除外。
11.5　竣工清场 　　除合同另有约定外，工程接收证书颁发后，承包人应对施工场地进行清理，直至监理人检验合格为止。竣工清场费用由承包人承担。	11.5 款是竣工清场及责任承担的约定。 　　竣工清场的主要工作是环境恢复问题。竣工清场要求承包人在工程接收证书颁发后，应将留存在施工现场的一些施工设备、剩余材料等清出场外，如有临时工程的必须拆除。承包人应当做好扫尾工作，将现场清理完毕，直至监理人检验合格为止，以便发包人使用已完成的工程。 　　本款约定竣工清场的费用由承包人承担，如承包人未按约定竣工清场，发包人委托他人进行时，其所需费用可从拟支付予承包人的款项中扣除。

第12条　缺陷责任与保修责任，通用合同条款评注

中华人民共和国简明标准施工招标文件 （2012年版） 第四章　第一节　通用合同条款	评　注
12.1　缺陷责任 　　缺陷责任自实际竣工日期起计算。在缺陷责任期内，已交付的工程由于承包人的材料、设备或工艺不符合合同要求所产生的缺陷，修补费用由承包人承担。由于承包人原因造成某项缺陷或损坏使某项工程或工程设备不能按原定目标使用而需要再次检查、检验和修复的，发包人有权要求承包人相应延长缺陷责任期，但缺陷责任期最长不超过2年。	12.1款是工程关于缺陷责任期内承发包双方各自权利义务的约定。 　　本款约定包括了以下内容：（1）"缺陷责任期"的起算时间：自工程实际竣工日期起算；（2）在缺陷责任期内，承包人承担因自身原因导致工程缺陷的责任；（3）因承包人原因导致工程不能使用还需再次查验和修复时，除承包人承担修复和检验的费用外，发包人有延长缺陷责任期的权利，但缺陷责任期最长不超过两年。
12.2　保修责任 　　合同当事人根据有关法律规定，在专用合同条款中约定工程质量保修范围、期限和责任。保修期自实际竣工日期起计算。	12.2款是关于工程质量保修责任的约定。 　　工程保修期与缺陷责任期起始计算时间相同：均自实际竣工日期开始计算。合同双方应在《专用合同条款》中对工程质量的保修范围、保修期限和保修责任作出进一步明确。 　　根据我国《建设工程质量管理条例》第四十条的规定，保修期从竣工验收合格之日起计算，一般不少于两年，防水工程为五年，地基基础工程和主体结构工程为设计文件规定的合理使用年限。 　　最高人民法院《关于审理建设工程施工合同纠纷案件适用法律问题的解释》第十三条规定："建设工程未经竣工验收，发包人擅自使用后，又以使用部分质量不符合约定为由主张权利的，不予支持；但是承包人应当在建设工程的合理使用寿命内对地基基础工程和主体结构质量承担民事责任"。

第13条 保险，通用合同条款评注

中华人民共和国简明标准施工招标文件 （2012年版） 第四章 第一节 通用合同条款	评 注
13.1 保险范围	13.1款是关于建设工程保险的约定。 工程保险是指以各种工程项目为主要承保对象的一种财产保险机制。工程保险是建设工程风险管理的一项重要措施，其责任范围通常由两部分组成，第一部分主要是针对工程项下的物质损失部分，包括工程标的有形财产的损失和相关费用的损失；第二部分主要是针对被保险人在施工过程中因可能产生的第三者责任而承担经济赔偿责任导致的损失。
13.1.1 承包人按照专用合同条款的约定向双方同意的保险人投保建筑工程一切险或安装工程一切险等保险。具体的投保险种、保险范围、保险金额、保险费率、保险期限等有关内容应当在专用合同条款中明确约定。	13.1.1款约定了承包人应当投保的保险范围。 本款明确约定了建筑工程一切险、安装工程一切险由承包人进行投保。建筑工程一切险承保各类民用、工业和公用事业建筑工程项目，包括道路、水坝、桥梁、港埠等，在建造过程中因自然灾害或意外事故而引起的一切损失；安装工程一切险主要承保机器设备安装、企业技术改造、设备更新等安装工程项目的物质损失和第三者责任。 本款约定承包人投保的前提是合同双方同意的保险人。在进行选择保险公司的决策时，一般至少应当考虑安全、服务、成本这三项要素。首先应让保险公司了解项目对保险的各项要求，并让保险公司承诺其保险条件符合合同的要求。若保险费较高，可考虑同时向几家保险公司进行保险询价，并根据各保险公司的具体条件，如保费率、放弃责任追偿等择优选择，具体考虑的因素包括保险公司的理赔信誉、提供的服务质量、投保总成本等。通常在项目实践中，让一家保险公司进行一揽子的保险往往是一种比较便捷和经济的方式，具体的选择方式可以包括公开招标、邀请招标、议标或直接询价。另外，在项目建设过程中，应注意及时对建筑、安装工程一切险的保险金额进行调整。若工期存在延误情况，应及时续保，以便使建设项目在工程建设的整个期间都处在保险期内。
13.1.2 承包人应依照有关法律规定参加工伤保险和人身意外伤害险，为其履行合同所雇佣的全部人员，缴纳工伤保险费和人身意外伤害险费。	13.1.2款、13.1.3款均约定了承包人、发包人及监理人负有依照有关法律参加工伤保险和人身意外伤害保险的义务。

中华人民共和国简明标准施工招标文件 （2012年版） 第四章　第一节　通用合同条款	评　注
13.1.3　发包人应依照有关法律规定参加工伤保险和人身意外伤害险，为其现场机构雇佣的全部人员，缴纳工伤保险费和人身意外伤害险费，并要求其监理人也进行此类保险。	我国2011年新修订的《建筑法》第四十八条规定："建筑施工企业应当依法为职工参加工伤保险缴纳工伤保险费。鼓励企业为从事危险作业的职工办理意外伤害保险，支付保险费"。 我国《工伤保险条例》第二条规定，中华人民共和国境内的各类企业、有雇工的个体工商户应当依照本条例的规定参加工伤保险，为本单位全部职工或者雇工缴纳工伤保险费。 根据上述法律法规的规定，我国《建筑法》和《工伤保险条例》要求企业为职工参加工伤保险缴纳工伤保险费是强制性法律规定，企业必须遵守；为从事危险作业的职工办理意外伤害保险是鼓励性质，不是强制性规定，企业可以自主决定是否办理。 但是，该两款约定了双方参加意外伤害保险，属于合同双方另有约定，也应遵守，其目的就是进一步加强对在施工现场从事危险作业人员权益的保障。
13.2　未办理保险	13.2款是关于未按约定投保的补救措施及责任承担的约定。
13.2.1　由于负有投保义务的一方当事人未按合同约定办理保险，或未能使保险持续有效的，另一方当事人可代为办理，所需费用由对方当事人承担。 **13.2.2**　由于负有投保义务的一方当事人未按合同约定办理某项保险，导致受益人未能得到保险人的赔偿，原应从该项保险得到的保险金应由负有投保义务的一方当事人支付。	13.2.1款、13.2.2款是负有投保义务的一方未办理保险时另一方享有的权利约定。 负有投保义务的一方未按合同约定办理某项保险，或未能使保险持续有效时，另一方享有的补救措施，即可代为办理，代为办理所需费用由负有投保义务的一方承担。 负有投保义务的一方未按合同约定投保，当事故发生时，导致受益人未能得到保险人的赔偿，此时应由责任方赔偿另一方的损失。

第14条 不可抗力，通用合同条款评注

中华人民共和国简明标准施工招标文件 （2012 年版） 第四章 第一节 通用合同条款	评 注
14.1 不可抗力的确认	14.1 款是关于对不可抗力如何进行确认的约定。 在发生违约情形时，不可抗力是唯一的法定免责事由。我国《民法通则》第一百零七条规定："因不可抗力不能履行合同或者造成他人损害的，不承担民事责任，法律另有规定的除外"。同时该法第一百五十三条规定："本法所称的'不可抗力'，是指不能预见、不能避免并不能克服的客观情况"。根据我国《合同法》第九十四条的规定，因不可抗力致使不能实现合同目的时，当事人可以解除合同。同时该法第一百一十七条规定："因不可抗力不能履行合同的，根据不可抗力的影响，部分或者全部免除责任，但法律另有规定的除外。当事人迟延履行后发生不可抗力的，不能免除责任。本法所称不可抗力，是指不能预见、不能避免并不能克服的客观情况"。 从上述法律规定可以看出，不可抗力是外来的、不受当事人意志左右的自然现象或者社会现象。可以构成不可抗力的事由必须同时具备三个特征：（一）不可抗力是当事人不能预见的事件。能否"预见"取决于预见能力。判断当事人对某事件是否可以预见，应以现有的科学技术水平和一般人的预见能力为标准，而不是以当事人自身的预见能力为标准。"不能预见"是当事人尽到了一般应有的注意义务仍然不能预见，而不是因为疏忽大意或者其他过错没有预见；（二）不可抗力是当事人不能避免并不能克服的事件。也就是说，对于不可抗力事件的发生和损害结果，当事人即使尽了最大努力仍然不能避免，也不能克服。不可抗力不为当事人的意志和行为所左右、所控制。如果某事件的发生能够避免，或者虽然不能避免但是能够克服，也不能构成不可抗力；（三）不可抗力是一种阻碍合同履行的客观情况。从法律关于不可抗力的规定可以知道，凡是不能预见、不能避免并不能克服的客观情况均属于不可抗力的范围，主要包括自然灾害和社会事件。对于不可抗

中华人民共和国简明标准施工招标文件 （2012 年版） 第四章　第一节　通用合同条款	评　注
	力范围的确定，目前世界上有两种立法体例：一种是以列举的方式明确规定属于不可抗力的事件，即只有相关法律明确列举的不可抗力事件发生时，当事人才能以不可抗力作为抗辩事由并免除相应的责任；另一种则是采取概括描述的方式对不可抗力的范围进行原则性的规定，并不明确列举不可抗力事件的种类。我国《合同法》的规定即属于后者。
14.1.1　不可抗力是指承包人和发包人在订立合同时不可预见，在履行合同过程中不可避免发生并不能克服的自然灾害和社会性突发事件，如地震、海啸、瘟疫、水灾、骚乱、暴动、战争和专用合同条款约定的其他情形。	14.1.1 款是关于不可抗力范围的约定。 　　本款以概括式的方式对不可抗力条款进行了订立，承发包双方应在专用条款中以列举式来确定不可抗力的内容，包括不可抗力的范围、性质和等级进行进一步明确约定。在实践中，当事人往往也会在合同中采用列举的方式约定不可抗力的范围（在侵权责任中，当事人不可能对不可抗力的范围进行事先约定）以消除原则性规定所带来的不确定因素，使得合同当事人的权利义务更加明确具体。例如国际咨询工程师联合会（FID-IC）《施工合同条件》（1999 年第 1 版）在第 19.1 条"不可抗力的定义"中规定"在本条中，'不可抗力'系指某种异常事件或情况：（a）一方无法控制的。（b）该方在签订合同前，不能对之进行合理准备的。（c）发生后，该方不能合理避免或克服的。（d）不能主要归因于他方的。只要满足上述（a）至（d）项的条件，不可抗力可以包括但不限于下列各种异常事件或情况：（i）战争、敌对行动（不论宣战与否）、入侵、外敌行为；（ii）叛乱、恐怖主义、革命、暴动、军事政变或篡夺政权，或内战；（iii）承包商人员和承包商及其分包商的其他雇员以外的人员的骚乱、喧闹、混乱、罢工或停工；（iv）战争军火、爆炸物资、电离辐射或放射性污染，但可能因承包商使用此类军火、炸药、辐射或放射性引起的除外；（v）自然灾害，如地震、飓风、台风或火山活动。我国目前在建设工程领域仍然普遍采用的《建设工程施工合同（示范文本）》（GF—1999—0201）第 39.1 条也规定："不可抗力包括因战争、动乱、空中飞行物体坠落或其他非发包人承包人责任造成的爆炸、火灾、以及专用条款约定的风、雨、雪、洪、震等自然灾害"。

中华人民共和国简明标准施工招标文件 （2012年版） 第四章　第一节　通用合同条款	评　　注
14.1.2　不可抗力发生后，发包人和承包人应及时认真统计所造成的损失，收集不可抗力造成损失的证据。合同双方对是否属于不可抗力或其损失的意见不一致的，由监理人按第3.5款商定或确定。发生争议时，按第17条的约定执行。	根据14.1.2款的约定，当工程遭遇不可抗力事件时，承发包双方应及时调查确认不可抗力事件的性质及其受损害程度，收集不可抗力造成损失的证据材料。若双方对不可抗力的认定或对其损害程度的意见不一致时，可由监理人按约定程序商定或确定，总监理工程师应与合同当事人协商，尽量达成一致。不能达成一致的，总监理工程师应认真研究后审慎确定。总监理工程师应将商定或确定的事项通知合同当事人，并附详细依据。对总监理工程师的确定有异议的则按争议解决程序的约定执行。在争议解决前，双方应暂按总监理工程师的确定执行。
14.2　不可抗力的通知 　　合同一方当事人遇到不可抗力事件，使其履行合同义务受到阻碍时，应立即通知合同另一方当事人和监理人，书面说明不可抗力和受阻碍的详细情况，并提供必要的证明。如不可抗力持续发生，合同一方当事人应及时向合同另一方当事人和监理人提交中间报告，说明不可抗力和履行合同受阻的情况，并于不可抗力事件结束后14天内提交最终报告及有关资料。	14.2款约定了遇到不可抗力影响一方的通知及报告义务。 　　本款要求遇到不可抗力影响的一方"立即通知"另一方和监理人，目的主要在于让对方及时知道，能迅速采取措施，以减轻可能给对方造成的损失。《合同法》第一百一十八条规定，当事人一方因不可抗力不能履行合同的，应当及时通知对方，以减轻可能给对方造成的损失，并应当在合理期限内提供证据。 　　如不可抗力事件持续发生时，受不可抗力影响的一方履行合同继续受阻，该方也应及时通知另一方和监理人，提交中间报告，并在不可抗力事件结束后14天内提交最终报告。
14.3　不可抗力后果及其处理 　　除专用合同条款另有约定外，不可抗力导致的人员伤亡、财产损失、费用增加和（或）工期延误等后果，由合同双方按以下原则承担： 　　（1）永久工程，包括已运至施工场地的材料和工程设备的损害，以及因工程损害造成的第三者人员伤亡和财产损失由发包人承担； 　　（2）承包人设备的损坏由承包人承担； 　　（3）发包人和承包人各自承担其人员伤亡和其他财产损失及其相关费用； 　　（4）承包人的停工损失由承包人承担，但停工期间应监理人要求照管工程和清理、修复工程的金额由发包人承担；	14.3款约定了因不可抗力造成损害承发包双方各自承担责任的范围。 　　因不可抗力造成的后果应按照公平原则合理分担，即"损失自负"。 　　发生不可抗力由发包人承担的责任范围如下：（1）属于永久性工程及其设备、材料、部件等的损失和损害；（2）发包人受雇人员的伤害；（3）发包人迟延履行合同约定的保护义务造成的延续损失和损害；（4）恢复建设时所需的清理、修复费用等。 　　发生不可抗力由承包人承担的责任范围如下：（1）承包人受雇人员的伤害；（2）属于承包人的机具、设备、财产和临时工程的损失和损害；（3）承

中华人民共和国简明标准施工招标文件 （2012年版） 第四章　第一节　通用合同条款	评　注
（5）不能按期竣工的，应合理延长工期，承包人不需支付逾期竣工违约金。发包人要求赶工的，承包人应采取赶工措施，赶工费用由发包人承担。	包人迟延履行合同约定的保护义务造成的延续损失和损害；（4）因不可抗力造成的停工损失；因不可抗力导致不能按期竣工，承包人无须支付逾期竣工违约金。 　　承发包双方都有义务采取措施将因不可抗力导致的损失降低到最低限度。承包人应注意留存不可抗力发生后事故处理费用的相关证据。在实践中，由于不可抗力事件发生后发包人承担责任的部分通常是由承包人通过监理人向发包人提出索赔的方式进行的，因此承包人要注意保存相关的证据，如证明工人受伤的医疗费、施工机械损坏的修理费等费用数额的相关票据等。

第15条　违约，通用合同条款评注

中华人民共和国简明标准施工招标文件 （2012 年版） 第四章　第一节　通用合同条款	评　　注
15.1　承包人违约	15.1 款是承包人违约情形及违约责任承担的约定。 违约情形及违约责任的约定是双方处理争议、确定诉求的合同依据，是整个合同体系中的关键条款，承发包双方应该尽量详尽进行约定，以利于日后纠纷的解决。
15.1.1　如果承包人拒绝或未能遵守监理人的指示，或未能按合同进度计划及时完成合同约定的工作，已造成或预期造成工期延误，或违反合同不顾书面警告，监理人可发出通知，告知承包人违约。	15.1.1 款列举了构成承包人违约的情形，主要是工期延误、工程质量不合格并拒绝修复，未遵守监理人指示等。
15.1.2　如果承包人在收到监理人通知后 21 天内，没有采取可行的措施纠正违约，发包人可向承包人发出解除合同通知。发包人因继续完成该工程的需要，有权扣留使用承包人在现场的材料、设备和临时设施。但发包人的这一行动不免除承包人应承担的违约责任，也不影响发包人根据合同约定享有的索赔权利。	15.1.2 款是关于承包人违约责任承担的约定。 对于出现承包人违约行为时，监理人应及时向承包人发出整改通知，要求其在一定期限内纠正；本款约定如承包人在收到监理人发出整改通知后 21 天内，仍不采取措施纠正违约行为的，发包人可行使合同解除权。 发包人通知承包人解除合同后，为不影响工程施工进度，为继续完成工程的需要，可根据此款约定扣留并使用承包人在现场的材料、设备和临时设施。且发包人前述行为不减除承包人应承担的违约责任，亦不影响发包人按合同约定享有的索赔权利。 发包人行使合同解除权时，可参照最高人民法院《关于审理建设工程施工合同纠纷案件适用法律问题的解释》第八条的规定："承包人具有下列情形之一，发包人请求解除建设工程施工合同的，应予支持：（一）明确表示或者以行为表明不履行合同主要义务的；（二）合同约定的期限内没有完工，且在发包人催告的合理期限内仍未完工的；（三）已经完成的建设工程质量不合格，并拒绝修复的；（四）将承包的建设工程非法转包、违法分包的"。

中华人民共和国简明标准施工招标文件 （2012年版） 第四章　第一节　通用合同条款	评　注
	发包人应注意法律对合同解除权行使的程序性要件，以避免解除行为无效的后果：主张解除合同应当通知对方。合同自通知到达对方时解除。对方有异议的，可以请求人民法院或者仲裁机构确认解除合同的效力。法律、行政法规规定解除合同应当办理批准、登记等手续的，依照其规定。
15.2　发包人违约	15.2款是关于发包人违约情形及违约责任承担的约定。
15.2.1　如果发包人未能按合同付款，或违反合同不顾书面警告，承包人可发出通知，告知发包人违约。如果发包人在收到该通知后14天内未纠正违约，承包人可暂停工作或放慢工作进度。	15.2.1款列举了构成发包人违约的情形，主要是未按合同约定支付款项。 　　对于出现发包人违约情形时，承包人应在合理的催告期后，可行使"降低施工速度"和"暂停施工"的权利。
15.2.2　如果发包人收到承包人通知后28内未纠正违约，承包人可向发包人发出解除合同通知。合同解除后，承包人应妥善做好已竣工工程和已购材料、设备的保护和移交工作，按发包人要求将承包人设备和人员撤出施工场地，同时发包人应为承包人的撤出提供必要条件，但承包人的这一行动不免除发包人应承担的违约责任，也不影响承包人根据合同约定享有的索赔权利。	15.2.2款是关于发包人违约责任承担的约定。 　　出现发包人违约行为时，承包人应及时向发包人发出书面通知，要求其在一定期限内纠正；如发包人在收到书面通知后28天内，仍不纠正违约行为的，承包人可行使合同解除权。 　　承包人通知发包人解除合同后，应妥善处理好已竣工工程及材料、设备的移交及撤场工作，发包人有协助义务。同样，承包人前述行为不减除发包人应承担的违约责任，亦不影响承包人按合同约定享有的索赔权利。 　　承包人应切实加强在"履约抗辩权"行使过程中的签证、索赔管理能力。我国《合同法》第六十六条至六十九条对先履行抗辩权、同时履行抗辩权、不安抗辩权作了规定。同时，最高人民法院《关于当前形势下审理民商事合同纠纷案件若干问题的指导意见》第十七条也规定："合理适用不安抗辩权规则，维护权利人合法权益"。履约抗辩权理论是应对发包人拖欠工程款，实施工程签证和索赔的法律依据。 　　承包人通常行使"履约抗辩权"的形式为：催告→停工→解除合同→提出索赔。索赔通常包括三个部分：（1）已完工程价款。包括：已完工程款、已开始未完成工程价款、开办费等；（2）解

中华人民共和国简明标准施工招标文件 （2012 年版） 第四章　第一节　通用合同条款	评　注
	除合同前后的直接损失。包括：合同终止前工程延误损失、移走临时设施设备费用、合同终止后遣散期间开办费、履约保函延期手续费、未足额收回的政府规费、遣返人员待工费、未足额积累的机械设备费、分包合同解除费、材料仓储费、利息损失等；（3）解除合同引起的预期利益损失。包括：未完工程的管理费、风险费、利润损失等。承包人还须注意的是，因发包人延误付款的日期长短不同，承包人行使的权利亦有区别。 　　承包人行使合同解除权时，可参照最高人民法院《关于审理建设工程施工合同纠纷案件适用法律问题的解释》第九条的规定："发包人具有下列情形之一，致使承包人无法施工，且在催告的合理期限内仍未履行相应义务，承包人请求解除建设工程施工合同的，应予支持：（一）未按约定支付工程价款的；（二）提供的主要建筑材料、建筑构配件和设备不符合强制性标准的；（三）不履行合同约定的协助义务的"。 　　承包人应注意法律对合同解除权行使的程序性要件，以避免解除行为无效的后果：主张解除合同应当通知对方。合同自通知到达对方时解除。对方有异议的，可以请求人民法院或者仲裁机构确认解除合同的效力。法律、行政法规规定解除合同应当办理批准、登记等手续的，依照其规定。

第16条　索赔，通用合同条款评注

中华人民共和国简明标准施工招标文件 （2012年版） 第四章　第一节　通用合同条款	评　　注
16.1　承包人索赔的提出 　　根据合同约定，承包人认为有权得到追加付款和（或）延长工期的，应按以下程序向发包人提出索赔： 　　（1）承包人应在知道或应当知道索赔事件发生后14天内，向监理人递交索赔通知书。索赔通知书应详细说明索赔理由以及要求追加的付款金额和（或）延长的工期，并附必要的记录和证明材料； 　　（2）索赔事件具有连续影响的，承包人应在索赔事件影响结束后的14天内，向监理人递交最终索赔通知书，说明最终要求索赔的追加付款金额和延长的工期，并附必要的记录和证明材料； 　　（3）承包人未在前述14天内递交索赔通知书的，丧失要求追加付款和（或）延长工期的权利。	16.1款约定的是承包人向发包人提出索赔的程序。 　　索赔是工程实践中较为常见的情形。索赔是合同双方的权利，由于一方不履行或不完全履行合同义务而使另一方遭受损失时，受损方有权提出索赔要求。在工程实践中常见的是工期索赔和费用索赔。 　　本款约定扩大了"索赔的适用范围"，即只要"承包人认为有权得到追加付款和（或）延长工期的"，就可以按合同约定的索赔程序提出索赔。但也同时增加设置了另一个前提条件，即"根据合同约定"，这又相对限制了索赔的适用范围。 　　由于工程的索赔必须依据合同或其他法律规定，因此应在合同签订前就必须对合同的各项规定，尤其是关于索赔程序的规定予以重视，以便在合同履行过程中及时发现索赔机会。承发包双方均应培养索赔意识，要擅于依合同约定进行成功索赔。通常只要涉及确认工程量、增加合同价款、支付各种费用、顺延竣工日期、承担违约责任、赔偿损失等内容的事项，均可进行签证。若没有及时办理签证，日后主张索赔要求时将缺乏证据支持。索赔以"合同约定为依据"，承包人应注意提出签证和索赔的期限和程序，凡是应在施工过程中提出的均应按合同约定期限及时提出。 　　本款约定的承包人索赔程序，承包人应在知道或应当知道索赔事件后14天内向监理人提交索赔通知书；如有些索赔事件具有连续影响时，承包人还应在此影响结束后14天内提交延续索赔通知和延续记录，以便监理人和发包人及时知晓情况，尽快处理。 　　本款约定承包人索赔期限在知道或应当知道索赔事件后或具有连续影响的索赔事件结束后14天内，逾期不提出视为放弃索赔。此约定应引起承包人的高度重视，并据此加强工程合同的签证和索赔管理工作。实践中还有一种情况是，当事人约定了索赔期限，但没有约定过期不能索赔，这种情况下索赔时效为发生索赔事件后两年。

中华人民共和国简明标准施工招标文件 （2012 年版） 第四章　第一节　通用合同条款	评　　注
	"14 天"是否属于除斥期间（除斥期间是指法律规定某种民事实体权利存在的期间。权利人在此期间内不行使相应的民事权利，则在该法定期间届满时导致该民事权利的消灭），因法官对此的理解不同，我国司法实践中曾经出现过不同判决。但是承发包双方对此必须要有清醒的认识，不可存有侥幸心理。 　　实践中发包人与承包人往往会因为索赔方面法律知识的匮乏，过程管理的失控而导致索赔时的被动局面，因此有必要聘请专业律师或机构加强索赔管理工作，以最大限度维护自己的利益及减少工程索赔成本。
16.2　承包人索赔处理程序 　　（1）监理人收到承包人提交的索赔通知书后，应按第3.5款商定或确定追加的付款和（或）延长的工期，并在收到上述索赔通知书或有关索赔的进一步证明材料后的14天内，将索赔处理结果答复承包人。 　　（2）承包人接受索赔处理结果的，发包人应在作出索赔处理结果答复后14天内完成赔付。承包人不接受索赔处理结果的，按第17条的约定执行。	16.2 款是监理人对承包人索赔的处理程序的约定。 　　监理人在收到承包人提交的索赔通知后，应根据相关证明材料，作出初步处理意见，并与承包人和发包人商定或确定最终的索赔处理结果。 　　承包人接受监理人的索赔处理结果，发包人应按时结算索赔款项；承包人不接受时，可按争议解决条款的约定执行。 　　承包人在约定期限内深入研究获得签证确认和成功索赔的方法和实际效果，友好协商和谋求调解是最重要和最有效的方法。
16.3　承包人提出索赔的期限 　　承包人按第10.5款的约定接受了竣工付款证书后，应被认为已无权再提出在合同工程接收证书颁发前所发生的任何索赔。	16.3 款是对承包人提出索赔期限的限制约定。 　　约定索赔期限的目的是为了及时解决双方争议。承包人应谨慎对待此条款，且应将本条款与工程接收证书的颁发条款联系理解及适用。
16.4　发包人索赔的提出 　　根据合同约定，发包人认为有权得到追加付款和（或）延长工期的，应按以下程序向承包人提出索赔： 　　（1）监理人应在知道或应当知道索赔事件发生后14天内，向承包人递交索赔通知书。索赔通知书应详细说明索赔理由以及要求追加的付款金额和（或）延长的工期，并附必要的记录和证明材料；	16.4 款约定的是发包人向承包人提出索赔的程序。 　　为公平地处理合同双方之间的索赔争议，本款约定了发包人与承包人平等的索赔权利，以及相同的索赔程序。发包人也应高度重视，及时行使权利。

中华人民共和国简明标准施工招标文件 （2012年版） 第四章　第一节　通用合同条款	评　注
（2）索赔事件具有连续影响的，监理人应在索赔事件影响结束后的14天内，向承包人递交最终索赔通知书，说明最终要求索赔的追加付款金额和延长的工期，并附必要的记录和证明材料。	
16.5　发包人索赔处理程序 （1）承包人收到监理人提交的索赔通知书后，应按第3.5款商定或确定追加的付款和（或）延长的工期，并在收到上述索赔通知书或有关索赔的进一步证明材料后的14天内，将索赔处理结果答复监理人。 （2）监理人接受索赔处理结果的，承包人应在作出索赔处理结果答复后14天内完成赔付。监理人不接受索赔处理结果的，按第17条的约定执行。	16.5款是承包人对发包人索赔的处理程序约定。 本款与前述监理人对承包人索赔的处理程序约定相同。承包人收到监理人提交的索赔通知后，也应及时根据相关证明材料，作出初步处理意见，并与发包人和监理人商定或确定最终的索赔处理结果。 监理人接受承包人的索赔处理结果，承包人应按时结算索赔款项；监理人不接受时，可按争议解决条款的约定执行。

第17条　争议的解决，通用合同条款评注

中华人民共和国简明标准施工招标文件 （2012年版） 第四章　第一节　通用合同条款	评　　注
17.1　争议的解决方式 　　发包人和承包人在履行合同中发生争议的，可以友好协商解决或者提请争议评审组评审。合同当事人友好协商解决不成、不愿提请争议评审或者不接受争议评审组意见的，可在专用合同条款中约定下列一种方式解决： 　　（1）向约定的仲裁委员会申请仲裁； 　　（2）向有管辖权的人民法院提起诉讼。	17.1款是争议解决方式选择的约定。 　　建设工程合同争议，特别是发包人和承包人之间因工期、质量、造价等产生的争议，在工程建设领域中时常发生。争议解决方式的选择是问题的关键。 　　本款约定争议解决的方式有四种：友好协商、提请争议评审、仲裁和诉讼。前两种争议解决方式均以双方协商解决合同争议。在目前的法律制度下，仲裁或诉讼只能选择其一。如果选择仲裁方式解决争议，必须有双方明确、有效的约定。当前，通过仲裁来解决建设工程合同纠纷已成为承发包双方愿意选择的重要纠纷解决途径。承发包双方选择仲裁解决纠纷的优势有：仲裁机构、仲裁员均由双方选定；专业性强；仲裁不公开；仲裁审理期限短，可以达到尽快结案的目的。四种争议解决方式各自都有不同的优点，承发包双方可根据工程实际情况约定作出选择。
17.2　友好解决 　　在提请争议评审、仲裁或者诉讼前，以及在争议评审、仲裁或诉讼过程中，发包人和承包人均可共同努力友好协商解决争议。	17.2款约定在争议解决的任一阶段均可通过友好协商解决双方的争议。友好协商有利于提高争议解决效率，宜优先采用。
17.3　争议评审	17.3款是双方同意采用争议评审方式时的约定。 　　建设工程争议评审是指在工程开始或进行中，由当事人选择独立的评审专家，就当事人之间发生的争议及时提出解决建议或者作出决定的争议解决方式。争议评审是以"细致分割"方式实时解决争议，及时化解争议，防止争议扩大造成工程拖延、损失和浪费，保障工程顺利进行。 　　为预防、减少、及时解决建设工程合同争议，北京仲裁委员会于2009年1月20日第五届北京仲裁委员会第四次会议讨论通过《建设工程争议评审规则》，自2009年3月1日起施行；中国国际经济贸易仲裁委员会/中国国际商会于2010年1月27日通过《建设工程争议评审规则（试行）》，自

中华人民共和国简明标准施工招标文件 （2012 年版） 第四章　第一节　通用合同条款	评　注
	2010 年 5 月 1 日起试行。同时还相应制定了《评审专家守则》、《建设工程争议评审专家名单》、《建设工程争议评审收费办法》。 　　应注意本款约定的争议评审不是解决争议的必经程序且争议评审程序所做出的意见并非终局性的决定，任何一方如果对争议评审结果不服，均可通过诉讼或仲裁的方式最终解决争议。
17.3.1　采用争议评审的，发包人和承包人应当在专用合同条款中约定争议评审的程序和规则，并在开工日后的 28 天内或在争议发生后，协商成立争议评审组。	17.3.1 款是成立评审组的程序约定。承发包双方可以约定在开工日后 28 天内或在争议发生后任命争议评审组。承发包双方可以约定从仲裁机构的有关专家库中选定评审小组成员，以保证评审成员的专业性。
17.3.2　发包人和承包人接受评审意见的，由监理人根据评审意见拟定执行协议，经争议双方签字后作为合同的补充文件，并遵照执行。	17.3.2 款是接受评审意见时的处理程序。 　　监理人以评审意见为依据拟定执行协议并经承发包双方签字确认后作为合同补充文件，双方应遵照履行。
17.3.3　发包人或承包人不接受评审意见，并要求提交仲裁或提起诉讼的，应在收到评审意见后的 14 天内将仲裁或起诉意向书面通知另一方，并抄送监理人，但在仲裁或诉讼结束前应暂按总监理工程师的确定执行。	17.3.3 款是不接受评审意见时的处理程序。 　　在争议评审、仲裁机构仲裁和法院诉讼期间，关于合同争议的处理未取得一致意见时，承发包双方还应暂按总监理工程师的确定执行。

备　注

备　注

中华人民共和国简明标准施工招标文件
（2012年版）

适用于工期不超过12个月、技术相对简单、且设计和施工不是由同一承包人承担的小型项目

《专用合同条款》评注

《合同协议书》评注与填写范例

《通用合同条款》评注

《专用合同条款》评注

附　录

中华人民共和国简明标准施工招标文件（2012 年版）第四章第二节《专用合同条款》评注

中华人民共和国简明标准施工招标文件 （2012 年版） 第四章　第二节　专用合同条款	评　　注
	《简明标准施工招标文件》（2012 年版）未提供专用合同条款。 国务院有关行业主管部门可根据本行业招标特点和管理需要，对《专用合同条款》作出具体规定。《专用合同条款》可对《通用合同条款》进行补充、细化，但除"通用合同条款"明确规定可以作出不同约定外，"专用合同条款"补充和细化的内容不得与"通用合同条款"相抵触，否则抵触内容无效。 招标人或者招标代理机构可根据招标项目的具体特点和实际需要，参照《标准施工招标文件》、行业标准施工招标文件（如有），在《专用合同条款》中对《通用合同条款》进行补充、细化和修改，但不得违反法律、行政法规的强制性规定，以及平等、自愿、公平和诚实信用原则，否则相关内容无效。

备　注

中华人民共和国简明标准施工招标文件
（2012年版）

适用于工期不超过12个月、技术相对简单、且设计和施工不是由同一承包人承担的小型项目

附　录

《合同协议书》评注与填写范例

《通用合同条款》评注

《专用合同条款》评注

附　录

中华人民共和国
简明标准施工招标文件
（2012 年版）

使用说明

一、《简明标准施工招标文件》适用于工期不超过 12 个月、技术相对简单、且设计和施工不是由同一承包人承担的小型项目施工招标。

二、《简明标准施工招标文件》用相同序号标示的章、节、条、款、项、目，供招标人和投标人选择使用；以空格标示的由招标人填写的内容，招标人应根据招标项目具体特点和实际需要具体化，确实没有需要填写的，在空格中用"／"标示。

三、招标人按照《简明标准施工招标文件》第一章的格式发布招标公告或发出投标邀请书后，将实际发布的招标公告或实际发出的投标邀请书编入出售的招标文件中，作为投标邀请。其中，招标公告应同时注明发布所在的所有媒介名称。

四、《简明标准施工招标文件》第三章"评标办法"分别规定经评审的最低投标价法和综合评估法两种评标方法，供招标人根据招标项目具体特点和实际需要选择适用。招标人选择适用综合评估法的，各评审因素的评审标准、分值和权重等由招标人自主确定。国务院有关部门对各评审因素的评审标准、分值和权重等有规定的，从其规定。

第三章"评标办法"前附表应列明全部评审因素和评审标准，并在本章前附表标明投标人不满足要求即否决其投标的全部条款。

五、《简明标准施工招标文件》第五章"工程量清单"，由招标人根据工程量清单的国家标准、行业标准，以及招标项目具体特点和实际需要编制，并与"投标人须知"、"通用合同条款"、"专用合同条款"、"技术标准和要求"、"图纸"相衔接。本章所附表格可根据有关规定作相应的调整和补充。

六、《简明标准施工招标文件》第六章"图纸"，由招标人根据招标项目具体特点和实际需要编制，并与"投标人须知"、"通用合同条款"、"专用合同条款"、"技术标准和要求"相衔接。

七、《简明标准施工招标文件》第七章"技术标准和要求"由招标人根据招标项目具体特点和实际需要编制。"技术标准和要求"中的各项技术标准应符合国家强制性标准，不得要求或标明某一特定的专利、商标、名称、设计、原产地或生产供应者，不得含有倾向或者排斥潜在投标人的其他内容。如果必须引用某一生产供应者的技术标准才能准确或清楚地说明拟招标项目的技术标准时，则应当在参照后面加上"或相当于"字样。

八、招标人可根据招标项目具体特点和实际需要，参照《标准施工招标文件》、行业标准施工招标文件（如有），对《简明标准施工招标文件》做相应的补充和细化。

九、采用电子招标投标的，招标人应按照国家有关规定，结合项目具体情况，在招标文件中载明相应要求。

十、《简明标准施工招标文件》为 2012 年版，将根据实际执行过程中出现的问题及时进行修改。各使用单位或个人对《简明标准施工招标文件》的修改意见和建议，可向编制工作小组反映。

_____（项目名称）施工招标

招标文件

招标人：_____（盖单位章）

_____年_____月_____日

目　录

第一章 招标公告（适用于公开招标）

＿＿＿＿＿＿＿＿＿（项目名称）施工招标公告

1. 招标条件

本招标项目＿＿＿＿＿＿（项目名称）已由＿＿＿＿＿＿（项目审批、核准或备案机关名称）以＿＿＿＿＿＿（批文名称及编号）批准建设，项目业主为＿＿＿＿＿＿，建设资金来自＿＿＿＿（资金来源），项目出资比例为＿＿＿＿，招标人为＿＿＿＿＿＿。项目已具备招标条件，现对该项目施工进行公开招标。

2. 项目概况与招标范围

＿＿＿＿＿＿＿＿＿＿＿＿＿＿＿＿＿＿（说明本次招标项目的建设地点、规模、计划工期、招标范围等）。

3. 投标人资格要求

本次招标要求投标人须具备＿＿＿＿＿＿资质，并在人员、设备、资金等方面具有相应的施工能力。

4. 招标文件的获取

4.1 凡有意参加投标者，请于＿＿＿年＿＿＿月＿＿＿日至＿＿＿年＿＿＿月＿＿＿日，每日上午＿＿＿时至＿＿＿时，下午＿＿＿时至＿＿＿时（北京时间，下同），在＿＿＿＿＿＿＿（详细地址）持单位介绍信购买招标文件。

4.2 招标文件每套售价＿＿＿元，售后不退。图纸资料押金＿＿＿元，在退还图纸资料时退还（不计利息）。

4.3 邮购招标文件的，需另加手续费（含邮费）＿＿＿元。招标人在收到单位介绍信和邮购款（含手续费）后＿＿＿日内寄送。

5. 投标文件的递交

5.1 投标文件递交的截止时间（投标截止时间，下同）为＿＿＿年＿＿＿月＿＿＿日＿＿＿时＿＿＿分，地点为＿＿＿＿＿＿＿＿＿＿＿。

5.2 逾期送达的或者未送达指定地点的投标文件，招标人不予受理。

6. 发布公告的媒介

本次招标公告同时在＿＿＿＿＿＿（发布公告的媒介名称）上发布。

7. 联系方式

招 标 人：＿＿＿＿＿＿＿＿	招标代理机构：＿＿＿＿＿＿＿＿
地　　址：＿＿＿＿＿＿＿＿	地　　址：＿＿＿＿＿＿＿＿
邮　　编：＿＿＿＿＿＿＿＿	邮　　编：＿＿＿＿＿＿＿＿
联 系 人：＿＿＿＿＿＿＿＿	联 系 人：＿＿＿＿＿＿＿＿

电　　话：＿＿＿＿＿＿＿＿＿＿＿＿　　　电　　话：＿＿＿＿＿＿＿＿＿＿＿＿＿＿

传　　真：＿＿＿＿＿＿＿＿＿＿＿＿　　　传　　真：＿＿＿＿＿＿＿＿＿＿＿＿＿＿

电子邮件：＿＿＿＿＿＿＿＿＿＿＿＿　　　电子邮件：＿＿＿＿＿＿＿＿＿＿＿＿＿＿

网　　址：＿＿＿＿＿＿＿＿＿＿＿＿　　　网　　址：＿＿＿＿＿＿＿＿＿＿＿＿＿＿

开户银行：＿＿＿＿＿＿＿＿＿＿＿＿　　　开户银行：＿＿＿＿＿＿＿＿＿＿＿＿＿＿

账　　号：＿＿＿＿＿＿＿＿＿＿＿＿　　　账　　号：＿＿＿＿＿＿＿＿＿＿＿＿＿＿

＿＿＿＿年＿＿＿＿月＿＿＿＿日

第一章　投标邀请书（适用于邀请招标）

＿＿＿＿＿＿＿＿＿＿（项目名称）施工投标邀请书

＿＿＿＿＿＿＿＿＿＿（被邀请单位名称）：

1. 招标条件

本招标项目＿＿＿＿＿＿＿＿＿＿（项目名称）已由＿＿＿＿＿＿＿＿＿＿（项目审批、核准或备案机关名称）以＿＿＿＿＿＿＿＿＿＿（批文名称及编号）批准建设，项目业主为＿＿＿＿＿＿＿＿，建设资金来自＿＿＿＿＿＿＿＿（资金来源），出资比例为＿＿＿＿＿＿＿＿，招标人为＿＿＿＿＿＿＿＿。项目已具备招标条件，现邀请你单位参加该项目施工投标。

2. 项目概况与招标范围

＿＿＿＿＿＿＿＿＿＿（说明本次招标项目的建设地点、规模、计划工期、招标范围等）。

3. 投标人资格要求

本次招标要求投标人具备＿＿＿＿＿＿＿＿资质，并在人员、设备、资金等方面具有相应的施工能力。

4. 招标文件的获取

4.1　请于＿＿＿＿年＿＿＿＿月＿＿＿＿日至＿＿＿＿年＿＿＿＿月＿＿＿＿日，每日上午＿＿＿＿时至＿＿＿＿时，下午＿＿＿＿时至＿＿＿＿时（北京时间，下同），在＿＿＿＿＿＿＿＿＿＿（详细地址）持本投标邀请书购买招标文件。

4.2　招标文件每套售价＿＿＿＿元，售后不退。图纸资料押金＿＿＿＿元，在退还图纸资料时退还（不计利息）。

4.3　邮购招标文件的，需另加手续费（含邮费）＿＿＿＿元。招标人在收到邮购款（含手续费）后＿＿＿＿日内寄送。

5. 投标文件的递交

5.1　投标文件递交的截止时间（投标截止时间，下同）为＿＿＿＿年＿＿＿＿月＿＿＿＿日＿＿＿＿时＿＿＿＿分，地点为＿＿＿＿＿＿＿＿＿＿。

5.2　逾期送达的或者未送达指定地点的投标文件，招标人不予受理。

6. 确认

你单位收到本投标邀请书后，请于＿＿＿＿＿＿＿＿（具体时间）前以传真或快递方式予以确认是否参加投标。

7. 联系方式

招　标　人：＿＿＿＿＿＿＿＿＿＿＿＿　　招标代理机构：＿＿＿＿＿＿＿＿＿＿＿＿

地　　　址：＿＿＿＿＿＿＿＿＿＿＿＿　　地　　　址：＿＿＿＿＿＿＿＿＿＿＿＿

邮　　　编：＿＿＿＿＿＿＿＿＿＿＿＿　　邮　　　编：＿＿＿＿＿＿＿＿＿＿＿＿

联系人：_____　联系人：_____

电　话：_____　电　话：_____

传　真：_____　传　真：_____

电子邮件：_____　电子邮件：_____

网　址：_____　网　址：_____

开户银行：_____　开户银行：_____

账　号：_____　账　号：_____

　　　　　　　　　　　　　　　　　　_____年_____月_____日

附件：确认通知

确认通知

_____（招标人名称）：

我方已于_____年_____月_____日收到你方_____年_____月_____日发出的_____（项目名称）关于_____的通知，并确认_____（参加/不参加）投标。

特此确认。

被邀请单位名称：_____（盖单位章）

法定代表人：_____（签字）

_____年_____月_____日

第二章　投标人须知

投标人须知前附表

条款号	条　款　名　称	编　列　内　容
1.1.2	招标人	名称： 地址： 联系人： 电话：
1.1.3	招标代理机构	名称： 地址： 联系人： 电话：
1.1.4	项目名称	
1.1.5	建设地点	
1.2.1	资金来源及比例	
1.2.2	资金落实情况	
1.3.1	招标范围	
1.3.2	计划工期	计划工期：＿＿＿＿＿＿＿＿日历天 计划开工日期：＿＿＿年＿＿＿月＿＿＿日 计划竣工日期：＿＿＿年＿＿＿月＿＿＿日
1.3.3	质量要求	
1.4.1	投标人资质条件、能力	资质条件： 项目经理（建造师，下同）资格： 财务要求： 业绩要求： 其他要求：
1.9.1	踏勘现场	□不组织 □组织，踏勘时间： 　　　　　踏勘集中地点：
1.10.1	投标预备会	□不召开 □召开，召开时间： 　　　　　召开地点：
1.10.2	投标人提出问题的截止时间	
1.10.3	招标人书面澄清的时间	
1.11	偏离	□不允许 □允许
2.1	构成招标文件的其他材料	
2.2.1	投标人要求澄清招标文件的截止时间	

条款号	条 款 名 称	编 列 内 容
2.2.2	投标截止时间	_____年_____月_____日_____时_____分
2.2.3	投标人确认收到招标文件澄清的时间	
2.3.2	投标人确认收到招标文件修改的时间	
3.1	构成投标文件的其他材料	
3.2.3	最高投标限价或其计算方法	
3.3.1	投标有效期	
3.4.1	投标保证金	□不要求递交投标保证金 □要求递交投标保证金 投标保证金的形式： 投标保证金的金额：
3.5.2	近年财务状况的年份要求	_____年
3.5.3	近年完成的类似项目的年份要求	_____年
3.6.3	签字或盖章要求	
3.6.4	投标文件副本份数	_____份
3.6.5	装订要求	
4.1.2	封套上应载明的信息	招标人地址： 招标人名称： _____（项目名称）投标文件 在_____年_____月_____日_____时_____分前不得开启
4.2.2	递交投标文件地点	
4.2.3	是否退还投标文件	□否 □是
5.1	开标时间和地点	开标时间：同投标截止时间 开标地点：
5.2	开标程序	密封情况检查： 开标顺序：
6.1.1	评标委员会的组建	评标委员会构成：_____人，其中招标人代表_____人， 专家_____人； 评标专家确定方式：
7.1	是否授权评标委员会确定中标人	□是 □否，推荐的中标候选人数：
7.2	中标候选人公示媒介	
7.4.1	履约担保	履约担保的形式： 履约担保的金额：
9	需要补充的其他内容	
10	电子招标投标	□否 □是，具体要求：
......		......

1　总则

1.1　项目概况

1.1.1　根据《中华人民共和国招标投标法》等有关法律、法规和规章的规定，本招标项目已具备招标条件，现对本项目施工进行招标。

1.1.2　本招标项目招标人：见投标人须知前附表。

1.1.3　本招标项目招标代理机构：见投标人须知前附表。

1.1.4　本招标项目名称：见投标人须知前附表。

1.1.5　本招标项目建设地点：见投标人须知前附表。

1.2　资金来源和落实情况

1.2.1　本招标项目的资金来源及出资比例：见投标人须知前附表。

1.2.2　本招标项目的资金落实情况：见投标人须知前附表。

1.3　招标范围、计划工期、质量要求

1.3.1　本次招标范围：见投标人须知前附表。

1.3.2　本招标项目的计划工期：见投标人须知前附表。

1.3.3　本招标项目的质量要求：见投标人须知前附表。

1.4　投标人资格要求

1.4.1　投标人应具备承担本项目施工的资质条件、能力和信誉。

（1）资质条件：见投标人须知前附表；

（2）项目经理资格：见投标人须知前附表；

（3）财务要求：见投标人须知前附表；

（4）业绩要求：见投标人须知前附表；

（5）其他要求：见投标人须知前附表。

1.4.2　投标人不得存在下列情形之一：

（1）为招标人不具有独立法人资格的附属机构（单位）；

（2）为本招标项目前期准备提供设计或咨询服务的；

（3）为本招标项目的监理人；

（4）为本招标项目的代建人；

（5）为本招标项目提供招标代理服务的；

（6）与本招标项目的监理人或代建人或招标代理机构同为一个法定代表人的；

（7）与本招标项目的监理人或代建人或招标代理机构相互控股或参股的；

（8）与本招标项目的监理人或代建人或招标代理机构相互任职或工作的；

（9）被责令停业的；

（10）被暂停或取消投标资格的；

（11）财产被接管或冻结的；

（12）在最近三年内有骗取中标或严重违约或重大工程质量问题的。

1.4.3　单位负责人为同一人或者存在控股、管理关系的不同单位，不得同时参加本招标项目投标。

1.5　费用承担

投标人准备和参加投标活动发生的费用自理。

1.6　保密

参与招标投标活动的各方应对招标文件和投标文件中的商业和技术等秘密保密，违者应对由此造成的后果承担法律责任。

1.7　语言文字

招标投标文件使用的语言文字为中文。专用术语使用外文的，应附有中文注释。

1.8　计量单位

所有计量均采用中华人民共和国法定计量单位。

1.9　踏勘现场

1.9.1　投标人须知前附表规定组织踏勘现场的，招标人按投标人须知前附表规定的时间、地点组织投标人踏勘项目现场。

1.9.2　投标人踏勘现场发生的费用自理。

1.9.3　除招标人的原因外，投标人自行负责在踏勘现场中所发生的人员伤亡和财产损失。

1.9.4　招标人在踏勘现场中介绍的工程场地和相关的周边环境情况，供投标人在编制投标文件时参考，招标人不对投标人据此作出的判断和决策负责。

1.10　投标预备会

1.10.1　投标人须知前附表规定召开投标预备会的，招标人按投标人须知前附表规定的时间和地点召开投标预备会，澄清投标人提出的问题。

1.10.2　投标人应在投标人须知前附表规定的时间前，以书面形式将提出的问题送达招标人，以便招标人在会议期间澄清。

1.10.3　投标预备会后，招标人在投标人须知前附表规定的时间内，将对投标人所提问题的澄清，以书面形式通知所有购买招标文件的投标人。该澄清内容为招标文件的组成部分。

1.11　偏离

投标人须知前附表允许投标文件偏离招标文件某些要求的，偏离应当符合招标文件规定的偏离范围和幅度。

2　招标文件

2.1　招标文件的组成

2.1.1　本招标文件包括：

（1）招标公告（或投标邀请书）；

（2）投标人须知；

（3）评标办法；

（4）合同条款及格式；

（5）工程量清单；

（6）图纸；

（7）技术标准和要求；

（8）投标文件格式；

（9）投标人须知前附表规定的其他材料。

2.1.2　根据本章第 1.10 款、第 2.2 款和第 2.3 款对招标文件所作的澄清、修改，构成招标文件的组成部分。

2.2　招标文件的澄清

2.2.1　投标人应仔细阅读和检查招标文件的全部内容。如发现缺页或附件不全，应及时向招标人提出，以便补齐。如有疑问，应在投标人须知前附表规定的时间前以书面形式（包括信函、电报、传真等可以有形地表现所载内容的形式，下同），要求招标人对招标文件予以澄清。

2.2.2　招标文件的澄清将以书面形式发给所有购买招标文件的投标人，但不指明澄清问题的来源。如果澄清发出的时间距投标人须知前附表规定的投标截止时间不足 15 天，并且澄清内容影响投标文件编制的，将相应延长投标截止时间。

2.2.3　投标人在收到澄清后，应在投标人须知前附表规定的时间内以书面形式通知招标人，确认已收到该澄清。

2.3 招标文件的修改

2.3.1 招标人可以书面形式修改招标文件，并通知所有已购买招标文件的投标人。但如果修改招标文件的时间距投标截止时间不足 15 天，并且修改内容影响投标文件编制的，将相应延长投标截止时间。

2.3.2 投标人收到修改内容后，应在投标人须知前附表规定的时间内以书面形式通知招标人，确认已收到该修改。

3 投标文件

3.1 投标文件的组成

投标文件应包括下列内容：

（1）投标函及投标函附录；

（2）法定代表人身份证明或附有法定代表人身份证明的授权委托书；

（3）投标保证金；

（4）已标价工程量清单；

（5）施工组织设计；

（6）项目管理机构；

（7）资格审查资料；

（8）投标人须知前附表规定的其他材料。

3.2 投标报价

3.2.1 投标人应按第五章"工程量清单"的要求填写相应表格。

3.2.2 投标人在投标截止时间前修改投标函中的投标报价总额，应同时修改"已标价工程量清单"中的相应报价，投标报价总额为各分项金额之和。此修改须符合本章第 4.3 款的有关要求。

3.2.3 招标人设有最高投标限价的，投标人的投标报价不得超过最高投标限价，最高投标限价或其计算方法在投标人须知前附表中载明。

3.3 投标有效期

3.3.1 除投标人须知前附表另有规定外，投标有效期为 60 天。

3.3.2 在投标有效期内，投标人撤销或修改其投标文件的，应承担招标文件和法律规定的责任。

3.3.3 出现特殊情况需要延长投标有效期的，招标人以书面形式通知所有投标人延长投标有效期。投标人同意延长的，应相应延长其投标保证金的有效期，但不得要求或被允许修改或撤销其投标文件；投标人拒绝延长的，其投标失效，但投标人有权收回其投标保证金。

3.4 投标保证金

3.4.1 投标人须知前附表规定递交投标保证金的，投标人在递交投标文件的同时，应按投标人须知前附表规定的金额、担保形式和第八章"投标文件格式"规定的或者事先经过招标人认可的投标保证金格式递交投标保证金，并作为其投标文件的组成部分。

3.4.2 投标人不按本章第 3.4.1 项要求提交投标保证金的，评标委员会将否决其投标。

3.4.3 招标人与中标人签订合同后 5 日内，向未中标的投标人和中标人退还投标保证金及同期银行存款利息。

3.4.4 有下列情形之一的，投标保证金将不予退还：

（1）投标人在规定的投标有效期内撤销或修改其投标文件；

（2）中标人在收到中标通知书后，无正当理由拒签合同协议书或未按招标文件规定提交履约担保。

3.5 资格审查资料

3.5.1 "投标人基本情况表"应附投标人营业执照及其年检合格的证明材料、资质证书副本和安全生产许可证等材料的复印件。

3.5.2 "近年财务状况表"应附经会计师事务所或审计机构审计的财务会计报表，包括资产负债表、现金流量表、利润表和财务情况说明书等复印件，具体年份要求见投标人须知前附表。

3.5.3 "近年完成的类似项目情况表"应附中标通知书和（或）合同协议书、工程接收证书（工程竣工验收证书）复印件，具体年份要求见投标人须知前附表。每张表格只填写一个项目，并标明序号。

3.5.4 "正在施工和新承接的项目情况表"应附中标通知书和（或）合同协议书复印件。每张表格只填写一个项目，并标明序号。

3.6 投标文件的编制

3.6.1 投标文件应按第八章"投标文件格式"进行编写，如有必要，可以增加附页，作为投标文件的组成部分。其中，投标函附录在满足招标文件实质性要求的基础上，可以提出比招标文件要求更有利于招标人的承诺。

3.6.2 投标文件应当对招标文件有关工期、投标有效期、质量要求、技术标准和要求、招标范围等实质性内容作出响应。

3.6.3 投标文件应用不褪色的材料书写或打印，并由投标人的法定代表人或其委托代理人签字或盖单位章。委托代理人签字的，投标文件应附法定代表人签署的授权委托书。投标文件应尽量避免涂改、行间插字或删除。如果出现上述情况，改动之处应加盖单位章或由投标人的法定代表人或其授权的代理人签字确认。签字或盖章的具体要求见投标人须知前附表。

3.6.4 投标文件正本一份，副本份数见投标人须知前附表。正本和副本的封面上应清楚地标记"正本"或"副本"的字样。当副本和正本不一致时，以正本为准。

3.6.5 投标文件的正本与副本应分别装订成册，具体装订要求见投标人须知前附表规定。

4 投标

4.1 投标文件的密封和标记

4.1.1 投标文件应进行包装、加贴封条，并在封套的封口处加盖投标人单位章。

4.1.2 投标文件封套上应写明的内容见投标人须知前附表。

4.1.3 未按本章第 4.1.1 项或第 4.1.2 项要求密封和加写标记的投标文件，招标人应予拒收。

4.2 投标文件的递交

4.2.1 投标人应在本章第 2.2.2 项规定的投标截止时间前递交投标文件。

4.2.2 投标人递交投标文件的地点：见投标人须知前附表。

4.2.3 除投标人须知前附表另有规定外，投标人所递交的投标文件不予退还。

4.2.4 招标人收到投标文件后，向投标人出具签收凭证。

4.2.5 逾期送达的或者未送达指定地点的投标文件，招标人不予受理。

4.3 投标文件的修改与撤回

4.3.1 在本章第 2.2.2 项规定的投标截止时间前，投标人可以修改或撤回已递交的投标文件，但应以书面形式通知招标人。

4.3.2 投标人修改或撤回已递交投标文件的书面通知应按照本章第 3.6.3 项的要求签字或盖章。招标人收到书面通知后，向投标人出具签收凭证。

4.3.3 投标人撤回投标文件的，招标人自收到投标人书面撤回通知之日起 5 日内退还已收取的投标保证金。

4.3.4 修改的内容为投标文件的组成部分。修改的投标文件应按照本章第 3 条、第 4 条规定进行编制、密封、标记和递交，并标明"修改"字样。

5 开标

5.1 开标时间和地点

招标人在本章第 2.2.2 项规定的投标截止时间（开标时间）和投标人须知前附表规定的地点公开开

标，并邀请所有投标人的法定代表人或其委托代理人准时参加。

5.2 开标程序

主持人按下列程序进行开标：

（1）宣布开标纪律；

（2）公布在投标截止时间前递交投标文件的投标人名称，并点名确认投标人是否派人到场；

（3）宣布开标人、唱标人、记录人、监标人等有关人员姓名；

（4）按照投标人须知前附表规定检查投标文件的密封情况；

（5）按照投标人须知前附表的规定确定并宣布投标文件开标顺序；

（6）设有标底的，公布标底；

（7）按照宣布的开标顺序当众开标，公布投标人名称、投标保证金的递交情况、投标报价、质量目标、工期及其他内容，并记录在案；

（8）规定最高投标限价计算方法的，计算并公布最高投标限价；

（9）投标人代表、招标人代表、监标人、记录人等有关人员在开标记录上签字确认；

（10）开标结束。

5.3 开标异议

投标人对开标有异议的，应当在开标现场提出，招标人当场作出答复，并制作记录。

6 评标

6.1 评标委员会

6.1.1 评标由招标人依法组建的评标委员会负责。评标委员会由招标人或其委托的招标代理机构熟悉相关业务的代表，以及有关技术、经济等方面的专家组成。评标委员会成员人数以及技术、经济等方面专家的确定方式见投标人须知前附表。

6.1.2 评标委员会成员有下列情形之一的，应当回避：

（1）投标人或投标人主要负责人的近亲属；

（2）项目主管部门或者行政监督部门的人员；

（3）与投标人有经济利益关系；

（4）曾因在招标、评标以及其他与招标投标有关活动中从事违法行为而受过行政处罚或刑事处罚的；

（5）与投标人有其他利害关系。

6.2 评标原则

评标活动遵循公平、公正、科学和择优的原则。

6.3 评标

评标委员会按照第三章"评标办法"规定的方法、评审因素、标准和程序对投标文件进行评审。第三章"评标办法"没有规定的方法、评审因素和标准，不作为评标依据。

7 合同授予

7.1 定标方式

除投标人须知前附表规定评标委员会直接确定中标人外，招标人依据评标委员会推荐的中标候选人确定中标人，评标委员会推荐中标候选人的人数见投标人须知前附表。

7.2 中标候选人公示

招标人在投标人须知前附表规定的媒介公示中标候选人。

7.3 中标通知

在本章第3.3款规定的投标有效期内，招标人以书面形式向中标人发出中标通知书，同时将中标结果通知未中标的投标人。

7.4 履约担保

7.4.1 在签订合同前，中标人应按投标人须知前附表规定的担保形式和招标文件第四章"合同条款及格式"规定的或者事先经过招标人书面认可的履约担保格式向招标人提交履约担保。除投标人须知前附表另有规定外，履约担保金额为中标合同金额的10%。

7.4.2 中标人不能按本章第7.4.1项要求提交履约担保的，视为放弃中标，其投标保证金不予退还，给招标人造成的损失超过投标保证金数额的，中标人还应当对超过部分予以赔偿。

7.5 签订合同

7.5.1 招标人和中标人应当自中标通知书发出之日起30天内，根据招标文件和中标人的投标文件订立书面合同。中标人无正当理由拒签合同的，招标人取消其中标资格，其投标保证金不予退还；给招标人造成的损失超过投标保证金数额的，中标人还应当对超过部分予以赔偿。

7.5.2 发出中标通知书后，招标人无正当理由拒签合同的，招标人向中标人退还投标保证金；给中标人造成损失的，还应当赔偿损失。

8 纪律和监督

8.1 对招标人的纪律要求

招标人不得泄漏招标投标活动中应当保密的情况和资料，不得与投标人串通损害国家利益、社会公共利益或者他人合法权益。

8.2 对投标人的纪律要求

投标人不得相互串通投标或者与招标人串通投标，不得向招标人或者评标委员会成员行贿谋取中标，不得以他人名义投标或者以其他方式弄虚作假骗取中标；投标人不得以任何方式干扰、影响评标工作。

8.3 对评标委员会成员的纪律要求

评标委员会成员不得收受他人的财物或者其他好处，不得向他人透漏对投标文件的评审和比较、中标候选人的推荐情况以及评标有关的其他情况。在评标活动中，评标委员会成员应当客观、公正地履行职责，遵守职业道德，不得擅离职守，影响评标程序正常进行，不得使用第三章"评标办法"没有规定的评审因素和标准进行评标。

8.4 对与评标活动有关的工作人员的纪律要求

与评标活动有关的工作人员不得收受他人的财物或者其他好处，不得向他人透漏对投标文件的评审和比较、中标候选人的推荐情况以及评标有关的其他情况。在评标活动中，与评标活动有关的工作人员不得擅离职守，影响评标程序正常进行。

8.5 投诉

投标人和其他利害关系人认为本次招标活动违反法律、法规和规章规定的，有权向有关行政监督部门投诉。

9 需要补充的其他内容

需要补充的其他内容：见投标人须知前附表。

10 电子招标投标

采用电子招标投标，对投标文件的编制、密封和标记、递交、开标、评标等的具体要求，见投标人须知前附表。

附件一：开标记录表

＿＿＿＿＿＿＿＿＿（项目名称）开标记录表

开标时间：＿＿＿年＿＿＿月＿＿＿日＿＿＿时＿＿＿分

序号	投标人	密封情况	投标保证金	投标报价（元）	质量标准	工期	备注	签名
招标人编制的标底/最高限价								

招标人代表：＿＿＿＿＿＿ 记录人：＿＿＿＿＿＿ 监标人：＿＿＿＿＿＿

＿＿＿＿年＿＿＿月＿＿＿日

附件二：问题澄清通知

问题澄清通知

编号：

_____（投标人名称）：

_____（项目名称）招标的评标委员会，对你方的投标文件进行了仔细的审查，现需你方对下列问题以书面形式予以澄清：

1.

2.

......

请将上述问题的澄清于_____年_____月_____日_____时前递交至_____（详细地址）或传真至_____（传真号码）。采用传真方式的，应在_____年_____月_____日_____时前将原件递交至_____（详细地址）。

招标人或招标代理机构：_____（签字或盖章）

_____年_____月_____日

附件三：问题的澄清

问题的澄清

编号：

_____（项目名称）招标评标委员会：

问题澄清通知（编号：_____）已收悉，现澄清如下：

1.

2.

……

投标人：_____（盖单位章）

法定代表人或其委托代理人：_____（签字）

_____年_____月_____日

附件四：中标通知书

中标通知书

_____（中标人名称）：

你方于_____（投标日期）所递交的_____（项目名称）投标文件已被我方接受，被确定为中标人。

中标价：_____元。

工期：_____日历天。

工程质量：符合_____标准。

项目经理：_____（姓名）。

请你方在接到本通知书后的_____日内到_____（指定地点）与我方签订承包合同，在此之前按招标文件第二章"投标人须知"第7.4款规定向我方提交履约担保。

随附的澄清、说明、补正事项纪要，是本中标通知书的组成部分。

特此通知。

附：澄清、说明、补正事项纪要

招标人：_____（盖单位章）

法定代表人：_____（签字）

_____年____月____日

附件五：中标结果通知书

中标结果通知书

_____（未中标人名称）：

　　我方已接受_____（中标人名称）于_____（投标日期）所递交的_____（项目名称）投标文件，确定_____（中标人名称）为中标人。

　　感谢你单位对我们工作的大力支持！

招标人：_____（盖单位章）

法定代表人：_____（签字）

_____年_____月_____日

附件六：确认通知

确认通知

＿＿＿＿＿＿＿＿（招标人名称）：

你方于＿＿＿年＿＿＿月＿＿＿日发出的＿＿＿＿＿＿＿＿（项目名称）关于＿＿＿＿＿＿＿＿的通知，我方已于＿＿＿年＿＿＿月＿＿＿日收到。

特此确认。

投标人：＿＿＿＿＿＿（盖单位章）

＿＿＿年＿＿＿月＿＿＿日

第三章 评标办法（经评审的最低投标价法）

评标办法前附表

条款号		评审因素	评审标准
2.1.1	形式评审标准	投标人名称	与营业执照、资质证书、安全生产许可证一致
		投标函签字盖章	有法定代表人或其委托代理人签字或加盖单位章
		投标文件格式	符合第八章"投标文件格式"的要求
		报价唯一	只能有一个有效报价
		……	……
2.1.2	资格评审标准	营业执照	具备有效的营业执照
		安全生产许可证	具备有效的安全生产许可证
		资质等级	符合第二章"投标人须知"第 1.4.1 项规定
		项目经理	符合第二章"投标人须知"第 1.4.1 项规定
		财务要求	符合第二章"投标人须知"第 1.4.1 项规定
		业绩要求	符合第二章"投标人须知"第 1.4.1 项规定
		其他要求	符合第二章"投标人须知"第 1.4.1 项规定
		……	……
2.1.3	响应性评审标准	投标报价	符合第二章"投标人须知"第 3.2.3 项规定
		投标内容	符合第二章"投标人须知"第 1.3.1 项规定
		工期	符合第二章"投标人须知"第 1.3.2 项规定
		工程质量	符合第二章"投标人须知"第 1.3.3 项规定
		投标有效期	符合第二章"投标人须知"第 3.3.1 项规定
		投标保证金	符合第二章"投标人须知"第 3.4.1 项规定
		权利义务	符合第四章"合同条款及格式"规定
		已标价工程量清单	符合第五章"工程量清单"给出的范围及数量
		技术标准和要求	符合第七章"技术标准和要求"规定
		……	……
2.1.4	施工组织设计评审标准	质量管理体系与措施	……
		安全管理体系与措施	……
		环境保护管理体系与措施	……
		工程进度计划与措施	……
		资源配备计划	……
		……	……
条款号		量化因素	量化标准
2.2	详细评审标准	单价遗漏	……
		不平衡报价	……
		……	……

1 评标方法

本次评标采用经评审的最低投标价法。评标委员会对满足招标文件实质要求的投标文件，根据本章第2.2款规定的量化因素及量化标准进行价格折算，按照经评审的投标价由低到高的顺序推荐中标候选人，或根据招标人授权直接确定中标人，但投标报价低于其成本的除外。经评审的投标价相等时，投标报价低的优先；投标报价也相等的，由招标人或其授权的评标委员会自行确定。

2 评审标准

2.1 初步评审标准

2.1.1 形式评审标准：见评标办法前附表。

2.1.2 资格评审标准：见评标办法前附表。

2.1.3 响应性评审标准：见评标办法前附表。

2.1.4 施工组织设计评审标准：见评标办法前附表。

2.2 详细评审标准

详细评审标准：见评标办法前附表。

3 评标程序

3.1 初步评审

3.1.1 评标委员会可以要求投标人提交第二章"投标人须知"第3.5.1项至第3.5.4项规定的有关证明和证件的原件，以便核验。评标委员会依据本章第2.1款规定的标准对投标文件进行初步评审。有一项不符合评审标准的，评标委员会应当否决其投标。

3.1.2 投标人有以下情形之一的，评标委员会应当否决其投标：

（1）第二章"投标人须知"第1.4.2项、第1.4.3项规定的任何一种情形的；

（2）串通投标或弄虚作假或有其他违法行为的；

（3）不按评标委员会要求澄清、说明或补正的。

3.1.3 投标报价有算术错误的，评标委员会按以下原则对投标报价进行修正，修正的价格经投标人书面确认后具有约束力。投标人不接受修正价格的，评标委员会应当否决其投标。

（1）投标文件中的大写金额与小写金额不一致的，以大写金额为准；

（2）总价金额与依据单价计算出的结果不一致的，以单价金额为准修正总价，但单价金额小数点有明显错误的除外。

3.2 详细评审

3.2.1 评标委员会按本章第2.2款规定的量化因素和标准进行价格折算，计算出评标价，并编制价格比较一览表。

3.2.2 评标委员会发现投标人的报价明显低于其他投标报价，或者在设有标底时明显低于标底，使得其投标报价可能低于其成本的，应当要求该投标人作出书面说明并提供相应的证明材料。投标人不能合理说明或者不能提供相应证明材料的，评标委员会应当认定该投标人以低于成本报价竞标，否决其投标。

3.3 投标文件的澄清和补正

3.3.1 在评标过程中，评标委员会可以书面形式要求投标人对所提交的投标文件中不明确的内容进行书面澄清或说明，或者对细微偏差进行补正。评标委员会不接受投标人主动提出的澄清、说明或补正。

3.3.2 澄清、说明和补正不得改变投标文件的实质性内容。投标人的书面澄清、说明和补正属于投标文件的组成部分。

3.3.3 评标委员会对投标人提交的澄清、说明或补正有疑问的，可以要求投标人进一步澄清、说明或补正，直至满足评标委员会的要求。

3.4 评标结果

3.4.1 除第二章"投标人须知"前附表授权直接确定中标人外，评标委员会按照经评审的价格由低到高的顺序推荐中标候选人。

3.4.2 评标委员会完成评标后，应当向招标人提交书面评标报告。

第三章 评标办法（综合评估法）

评标办法前附表

条款号		评审因素	评审标准
2.1.1	形式评审标准	投标人名称	与营业执照、资质证书、安全生产许可证一致
		投标函签字盖章	有法定代表人或其委托代理人签字或加盖单位章
		投标文件格式	符合第八章"投标文件格式"的要求
		报价唯一	只能有一个有效报价
		……	……
2.1.2	资格评审标准	营业执照	具备有效的营业执照
		安全生产许可证	具备有效的安全生产许可证
		资质等级	符合第二章"投标人须知"第1.4.1项规定
		项目经理	符合第二章"投标人须知"第1.4.1项规定
		财务要求	符合第二章"投标人须知"第1.4.1项规定
		业绩要求	符合第二章"投标人须知"第1.4.1项规定
		其他要求	符合第二章"投标人须知"第1.4.1项规定
		……	……
2.1.3	响应性评审标准	投标报价	符合第二章"投标人须知"第3.2.3项规定
		投标内容	符合第二章"投标人须知"第1.3.1项规定
		工期	符合第二章"投标人须知"第1.3.2项规定
		工程质量	符合第二章"投标人须知"第1.3.3项规定
		投标有效期	符合第二章"投标人须知"第3.3.1项规定
		投标保证金	符合第二章"投标人须知"第3.4.1项规定
		权利义务	符合第四章"合同条款及格式"规定
		已标价工程量清单	符合第五章"工程量清单"给出的范围及数量
		技术标准和要求	符合第七章"技术标准和要求"规定
		……	……
条款号		条款内容	编列内容
2.2.1		分值构成 （总分100分）	施工组织设计：_____分 项目管理机构：_____分 投标报价：_____分 其他评分因素：_____分

条款号		条款内容	编列内容
2.2.2		评标基准价计算方法	
2.2.3		投标报价的偏差率计算公式	偏差率＝100％ ×（投标人报价－评标基准价）/评标基准价
条款号		**评分因素**	**评分标准**
2.2.4（1）	施工组织设计评分标准	内容完整性和编制水平	……
		施工方案与技术措施	……
		质量管理体系与措施	……
		安全管理体系与措施	……
		环境保护管理体系与措施	……
		工程进度计划与措施	……
		资源配备计划	……
		……	……
2.2.4（2）	项目管理机构评分标准	项目经理任职资格与业绩	……
		其他主要人员	……
		……	……
2.2.4（3）	投标报价评分标准	偏差率	……
		……	……
2.2.4（4）	其他因素评分标准	……	……

1 评标方法

本次评标采用综合评估法。评标委员会对满足招标文件实质性要求的投标文件，按照本章第2.2款规定的评分标准进行打分，并按得分由高到低顺序推荐中标候选人，或根据招标人授权直接确定中标人，但投标报价低于其成本的除外。综合评分相等时，以投标报价低的优先；投标报价也相等的，由招标人或其授权的评标委员会自行确定。

2 评审标准

2.1 初步评审标准

2.1.1 形式评审标准：见评标办法前附表。

2.1.2 资格评审标准：见评标办法前附表。

2.1.3 响应性评审标准：见评标办法前附表。

2.2 分值构成与评分标准

2.2.1 分值构成

（1）施工组织设计：见评标办法前附表；

（2）项目管理机构：见评标办法前附表；

（3）投标报价：见评标办法前附表；

（4）其他评分因素：见评标办法前附表。

2.2.2 评标基准价计算

评标基准价计算方法：见评标办法前附表。

2.2.3 投标报价的偏差率计算

投标报价的偏差率计算公式：见评标办法前附表。

2.2.4 评分标准

（1）施工组织设计评分标准：见评标办法前附表；

（2）项目管理机构评分标准：见评标办法前附表；

（3）投标报价评分标准：见评标办法前附表；

（4）其他因素评分标准：见评标办法前附表。

3 评标程序

3.1 初步评审

3.1.1 评标委员会可以要求投标人提交第二章"投标人须知"第3.5.1项至第3.5.4项规定的有关证明和证件的原件，以便核验。评标委员会依据本章第2.1款规定的标准对投标文件进行初步评审。有一项不符合评审标准的，评标委员会应当否决其投标。

3.1.2 投标人有以下情形之一的，评标委员会应当否决其投标：

（1）第二章"投标人须知"第1.4.2项、第1.4.3项规定的任何一种情形的；

（2）串通投标或弄虚作假或有其他违法行为的；

（3）不按评标委员会要求澄清、说明或补正的。

3.1.3 投标报价有算术错误的，评标委员会按以下原则对投标报价进行修正，修正的价格经投标人书面确认后具有约束力。投标人不接受修正价格的，评标委员会应当否决其投标。

（1）投标文件中的大写金额与小写金额不一致的，以大写金额为准；

（2）总价金额与依据单价计算出的结果不一致的，以单价金额为准修正总价，但单价金额小数点有明显错误的除外。

3.2 详细评审

3.2.1 评标委员会按本章第2.2款规定的量化因素和分值进行打分，并计算出综合评估得分。

（1）按本章第 2.2.4（1）目规定的评审因素和分值对施工组织设计计算出得分 A；

（2）按本章第 2.2.4（2）目规定的评审因素和分值对项目管理机构计算出得分 B；

（3）按本章第 2.2.4（3）目规定的评审因素和分值对投标报价计算出得分 C；

（4）按本章第 2.2.4（4）目规定的评审因素和分值对其他部分计算出得分 D。

3.2.2　评分分值计算保留小数点后两位，小数点后第三位"四舍五入"。

3.2.3　投标人得分 = A + B + C + D。

3.2.4　评标委员会发现投标人的报价明显低于其他投标报价，或者在设有标底时明显低于标底，使得其投标报价可能低于其个别成本的，应当要求该投标人作出书面说明并提供相应的证明材料。投标人不能合理说明或者不能提供相应证明材料的，评标委员会应当认定该投标人以低于成本报价竞标，否决其投标。

3.3　投标文件的澄清和补正

3.3.1　在评标过程中，评标委员会可以书面形式要求投标人对所提交投标文件中不明确的内容进行书面澄清或说明，或者对细微偏差进行补正。评标委员会不接受投标人主动提出的澄清、说明或补正。

3.3.2　澄清、说明和补正不得改变投标文件的实质性内容。投标人的书面澄清、说明和补正属于投标文件的组成部分。

3.3.3　评标委员会对投标人提交的澄清、说明或补正有疑问的，可以要求投标人进一步澄清、说明或补正，直至满足评标委员会的要求。

3.4　评标结果

3.4.1　除第二章"投标人须知"前附表授权直接确定中标人外，评标委员会按照得分由高到低的顺序推荐中标候选人。

3.4.2　评标委员会完成评标后，应当向招标人提交书面评标报告。

第四章　合同条款及格式

第一节　通用合同条款

通用合同条款

1 一般约定

1.1 词语定义

通用合同条款、专用合同条款中的下列词语应具有本款所赋予的含义。

1.1.1 合同

1.1.1.1 合同文件（或称合同）：指合同协议书、中标通知书、投标函及投标函附录、专用合同条款、通用合同条款、技术标准和要求、图纸、已标价工程量清单，以及其他合同文件。

1.1.1.2 合同协议书：指第1.5款所指的合同协议书。

1.1.1.3 中标通知书：指发包人通知承包人中标的函件。中标通知书随附的澄清、说明、补正事项纪要等，是中标通知书的组成部分。

1.1.1.4 投标函：指构成合同文件组成部分的由承包人填写并签署的投标函。

1.1.1.5 投标函附录：指附在投标函后构成合同文件的投标函附录。

1.1.1.6 技术标准和要求：指构成合同文件组成部分的名为技术标准和要求的文件，以及合同双方当事人约定对其所作的修改或补充。

1.1.1.7 图纸：指包含在合同中的工程图纸，以及由发包人按合同约定提供的任何补充和修改的图纸，包括配套的说明。

1.1.1.8 已标价工程量清单：指构成合同文件组成部分的由承包人按照规定的格式和要求填写并标明价格的工程量清单。

1.1.1.9 其他合同文件：指经合同双方当事人确认构成合同文件的其他文件。

1.1.2 合同当事人和人员

1.1.2.1 合同当事人：指发包人和（或）承包人。

1.1.2.2 发包人：指专用合同条款中指明并与承包人在合同协议书中签字的当事人。

1.1.2.3 承包人：指与发包人签订合同协议书的当事人。

1.1.2.4 承包人项目经理：指承包人派驻施工场地的全权负责人。

1.1.2.5 监理人：指在专用合同条款中指明的，受发包人委托对合同履行实施管理的法人或其他组织。属于国家强制监理的，监理人应当具有相应的监理资质。

1.1.2.6 总监理工程师（总监）：指由监理人委派常驻施工场地对合同履行实施管理的全权负责人。

1.1.3 工程和设备

1.1.3.1 工程：指永久工程和（或）临时工程。

1.1.3.2 工程设备：指构成或计划构成永久工程一部分的机电设备、仪器装置、运载工具及其他类似的设备和装置。

1.1.3.3 施工场地（或称工地、现场）：指用于合同工程施工的场所，以及在合同中指定作为施工场地组成部分的其他场所，包括永久占地和临时占地。

1.1.4 日期

1.1.4.1 开工通知：指监理人按第6.2款通知承包人开工的函件。

1.1.4.2 开工日期：指监理人按第6.2款发出的开工通知中写明的开工日期。

1.1.4.3 工期：指承包人在投标函中承诺的完成合同工程所需的期限，包括按第6.3款、第6.4款约定所作的变更。

1.1.4.4 竣工日期：指第1.1.4.3目约定工期届满时的日期。实际竣工日期以工程接收证书中写明的日期为准。

1.1.4.5 缺陷责任期：指履行第12.1款约定的缺陷责任的期限，具体期限由专用合同条款约定。

1.1.4.6 天：除特别指明外，指日历天。合同中按天计算时间的，开始当天不计入，从次日开始计算。期限最后一天的截止时间为当天 24：00。

1.1.5 合同价格和费用

1.1.5.1 签约合同价：指签订合同时合同协议书中写明的，包括了暂列金额的合同总金额。

1.1.5.2 合同价格：指承包人按合同约定完成了包括缺陷责任期内的全部承包工作后，发包人应付给承包人的金额，包括在履行合同过程中按合同约定进行的变更和调整。

1.1.5.3 费用：指为履行合同所发生的或将要发生的所有合理开支，包括管理费和应分摊的其他费用，但不包括利润。

1.1.5.4 暂列金额：指已标价工程量清单中所列的暂列金额，用于在签订协议书时尚未确定或不可预见变更的施工及其所需材料、工程设备、服务等的金额，包括以计日工方式支付的金额。

1.1.5.5 计日工：指对零星工作采取的一种计价方式，按合同中的计日工子目及其单价计价付款。

1.1.5.6 质量保证金（或称保留金）：指按第 10.4 款约定用于保证在缺陷责任期内履行缺陷修复义务的金额。

1.1.6 其他

1.1.6.1 书面形式：指合同文件、信函、电报、传真、电子数据交换和电子邮件等可以有形地表现所载内容的形式。

1.2 语言文字

合同使用的语言文字为中文。专用术语使用外文的，应附有中文注释。

1.3 法律

适用于合同的法律包括中华人民共和国法律、行政法规、部门规章，以及工程所在地的地方法规、自治条例、单行条例和地方政府规章。

1.4 合同文件的优先顺序

组成合同的各项文件应互相解释，互为说明。除专用合同条款另有约定外，解释合同文件的优先顺序如下：

（1）合同协议书；

（2）中标通知书；

（3）投标函及投标函附录；

（4）专用合同条款；

（5）通用合同条款；

（6）技术标准和要求；

（7）图纸；

（8）已标价工程量清单；

（9）其他合同文件。

1.5 合同协议书

承包人按中标通知书规定的时间与发包人签订合同协议书。除法律另有规定或合同另有约定外，发包人和承包人的法定代表人或其委托代理人在合同协议书上签字并盖单位章后，合同生效。

1.6 图纸和承包人文件

1.6.1 发包人提供的图纸

除专用合同条款另有约定外，图纸应在合理的期限内按照合同约定的数量提供给承包人。

1.6.2 承包人提供的文件

按专用合同条款约定由承包人提供的文件，包括部分工程的大样图、加工图等，承包人应按约定的数量和期限报送监理人。监理人应在专用合同条款约定的期限内批复。

1.7 联络

与合同有关的通知、批准、证明、证书、指示、要求、请求、同意、意见、确定和决定等重要文件，均应采用书面形式。

按合同约定应当由监理人审核、批准、确认或者提出修改意见的承包人的要求、请求、申请和报批等，监理人在合同约定的期限内未回复的，视同认可，合同中未明确约定回复期限的，其相应期限均为收到相关文件后7天。

2 发包人义务

2.1 遵守法律

发包人在履行合同过程中应遵守法律，并保证承包人免于承担因发包人违反法律而引起的任何责任。

2.2 发出开工通知

发包人应委托监理人按第6.2款的约定向承包人发出开工通知。

2.3 提供施工场地

发包人应按专用合同条款约定向承包人提供施工场地，以及施工场地内地下管线和地下设施等有关资料，并保证资料的真实、准确、完整。

2.4 协助承包人办理证件和批件

发包人应协助承包人办理法律规定的有关施工证件和批件。

2.5 组织设计交底

发包人应根据合同进度计划，组织设计单位向承包人进行设计交底。

2.6 支付合同价款

发包人应按合同约定向承包人及时支付合同价款。

2.7 组织竣工验收

发包人应按合同约定及时组织竣工验收。

2.8 其他义务

发包人应履行合同约定的其他义务。

3 监理人

3.1 监理人的职责和权力

3.1.1 监理人受发包人委托，享有合同约定的权力，其所发出的任何指示应视为已得到发包人的批准。监理人在行使某项权力前需要经发包人事先批准而通用合同条款没有指明的，应在专用合同条款中指明。未经发包人批准，监理人无权修改合同。

3.1.2 合同约定应由承包人承担的义务和责任，不因监理人对承包人文件的审查或批准，对工程、材料和工程设备的检查和检验，以及为实施监理作出的指示等职务行为而减轻或解除。

3.2 总监理工程师

发包人应在发出开工通知前将总监理工程师的任命通知承包人。

3.3 监理人员

3.3.1 总监理工程师可以授权其他监理人员负责执行其指派的一项或多项监理工作。总监理工程师应将被授权监理人员的姓名及其授权范围通知承包人。被授权的监理人员在授权范围内发出的指示视为已得到总监理工程师的同意，与总监理工程师发出的指示具有同等效力。总监理工程师撤销某项授权时，应将撤销授权的决定及时通知发包人和承包人。

3.3.2 监理人员对承包人文件、工程或其采用的材料和工程设备未在约定的或合理的期限内提出否定意见的，视为已获批准，但不影响监理人在以后拒绝该项工作、工程、材料或工程设备的权利，监理人的拒绝应当符合法律规定和合同约定。

3.3.3 承包人对总监理工程师授权的监理人员发出的指示有疑问的，可在该指示发出的48小时内向总监理工程师提出书面异议，总监理工程师应在48小时内对该指示予以确认、更改或撤销。

3.3.4 除专用合同条款另有约定外，总监理工程师不应将第 3.5 款约定应由总监理工程师作出确定的权力授权或委托给其他监理人员。

3.4 监理人的指示

3.4.1 监理人应按第 3.1 款的约定向承包人发出指示，监理人的指示应盖有监理人授权的施工场地机构章，并由总监理工程师或总监理工程师按第 3.3.1 项约定授权的监理人员签字。

3.4.2 承包人收到监理人按第 3.4.1 项作出的指示后应遵照执行。指示构成变更的，应按第 9 条处理。

3.4.3 在紧急情况下，总监理工程师或被授权的监理人员可以当场签发临时书面指示，承包人应遵照执行。承包人应在收到上述临时书面指示后 24 小时内，向监理人发出书面确认函。监理人在收到书面确认函后 24 小时内未予答复的，该书面确认函应被视为监理人的正式指示。

3.4.4 除合同另有约定外，承包人只从总监理工程师或按第 3.3.1 项被授权的监理人员处取得指示。

3.4.5 由于监理人未能按合同约定发出指示、指示延误或指示错误而导致承包人费用增加和（或）工期延误的，由发包人承担赔偿责任。

3.5 商定或确定

3.5.1 合同约定总监理工程师应按照本款对任何事项进行商定或确定时，总监理工程师应与合同当事人协商，尽量达成一致。不能达成一致的，总监理工程师应认真研究后审慎确定。

3.5.2 总监理工程师应将商定或确定的事项通知合同当事人，并附详细依据。对总监理工程师的确定有异议的，构成争议，按照第 17 条的约定处理。在争议解决前，双方应暂按总监理工程师的确定执行，按照第 17 条的约定对总监理工程师的确定作出修改的，按修改后的结果执行。

4 承包人

4.1 承包人的一般义务

4.1.1 承包人应按合同约定以及监理人根据第 3.4 款作出的指示，实施、完成全部工程，并修补工程中的任何缺陷。

4.1.2 除合同另有约定外，承包人应提供为按照合同完成工程所需的劳务、材料、施工设备、工程设备和其他物品，以及按合同约定的临时设施等。

4.1.3 承包人应对所有现场作业、所有施工方法和全部工程的完备性、稳定性和安全性负责。

4.1.4 承包人应按照法律规定和合同约定，负责施工场地及其周边环境与生态的保护工作。

4.1.5 工程接收证书颁发前，承包人应负责照管和维护工程。工程接收证书颁发时尚有部分未竣工工程的，承包人还应负责该未竣工工程的照管和维护工作，直至竣工后移交给发包人为止。

4.1.6 承包人应履行合同约定的其他义务。

4.2 履约担保

4.2.1 承包人应保证其履约担保在发包人颁发工程接收证书前一直有效。发包人应在工程接收证书颁发后 28 天内把履约担保退还给承包人。

4.2.2 如工程延期，承包人有义务继续提供履约担保。由于发包人原因导致延期的，继续提供履约担保所需的费用由发包人承担；由于承包人原因导致延期的，继续提供履约担保所需费用由承包人承担。

4.3 承包人项目经理

承包人应按合同约定指派项目经理，并在约定的期限内到职。承包人项目经理应按合同约定以及监理人按第 3.4 款作出的指示，负责组织合同工程的实施。承包人为履行合同发出的一切函件均应盖有承包人授权的施工场地管理机构章，并由承包人项目经理或其授权代表签字。

4.4 工程价款应专款专用

发包人按合同约定支付给承包人的各项价款应专用于合同工程。

4.5 不利物质条件

4.5.1 不利物质条件，除专用合同条款另有约定外，是指承包人在施工场地遇到的不可预见的自然物质条件、非自然的物质障碍和污染物，包括地下和水文条件，但不包括气候条件。

4.5.2 承包人遇到不利物质条件时，应采取适应不利物质条件的合理措施继续施工，并及时通知监理人，通知应载明不利物质条件的内容以及承包人认为不可预见的理由。监理人应当及时发出指示，指示构成变更的，按第9条约定执行。监理人没有发出指示的，承包人因采取合理措施而增加的费用和（或）工期延误，由发包人承担。

5 施工控制网

5.1 发包人应在专用合同条款约定的期限内，通过监理人向承包人提供测量基准点、基准线和水准点及其书面资料。除专用合同条款另有约定外，承包人应根据国家测绘基准、测绘系统和工程测量技术规范，按上述基准点（线）以及合同工程精度要求，测设施工控制网，并在专用合同条款约定的期限内，将施工控制网资料报送监理人审批。

5.2 承包人应负责管理施工控制网点。施工控制网点丢失或损坏的，承包人应及时修复。承包人应承担施工控制网点的管理与修复费用，并在工程竣工后将施工控制网点移交发包人。

6 工期

6.1 进度计划

承包人应按照专用合同条款约定的时间，向监理人提交进度计划。经监理人审批后的进度计划具有合同约束力，承包人应当严格执行。实际进度与进度计划不符时，监理人应当指示承包人对进度计划进行修订，重新提交给监理人审批。

6.2 工程实施

监理人应在开工日期7天前向承包人发出开工通知。承包人应在第1.1.4.3目约定的期限内完成合同工程。实际竣工日期在接收证书中写明。

6.3 发包人引起的工期延误

在履行合同过程中，由于发包人的下列原因造成工期延误的，承包人有权要求发包人延长工期和（或）增加费用，并支付合理利润。需要修订合同进度计划的，按照第6.1款的约定执行。

（1）增加合同工作内容；
（2）改变合同中任何一项工作的质量要求或其他特性；
（3）发包人迟延提供材料、工程设备或变更交货地点；
（4）因发包人原因导致的暂停施工；
（5）提供图纸延误；
（6）未按合同约定及时支付预付款、进度款；
（7）发包人造成工期延误的其他原因。

6.4 异常恶劣的气候条件

由于出现专用合同条款约定的异常恶劣气候导致工期延误的，承包人有权要求发包人延长工期。

6.5 承包人引起的工期延误

由于承包人原因造成工期延误，承包人应按照专用合同条款中约定的逾期竣工违约金计算方法和最高限额，支付逾期竣工违约金。承包人支付逾期竣工违约金，不免除承包人完成工程及修补缺陷的义务。

7 工程质量

7.1 工程质量要求

工程质量验收按照合同约定的验收标准执行。

7.2 监理人的质量检查

监理人有权对工程的所有部位及其施工工艺、材料和工程设备进行检查和检验。监理人的检查和检验，不免除承包人按合同约定应负的责任。

7.3 工程隐蔽部位覆盖前的检查

经承包人自检确认的工程隐蔽部位具备覆盖条件后，承包人应通知监理人在约定的期限内检查。监理人应按时到场检查。监理人未到场检查的，除监理人另有指示外，承包人可自行完成覆盖工作。无论监理人是否到场检查，对已覆盖的工程隐蔽部位，监理人可要求承包人对已覆盖的部位进行钻孔探测或重新检验，承包人应遵照执行，并在检验后重新覆盖恢复原状。经检验证明工程质量符合合同要求的，由发包人承担由此增加的费用和（或）工期延误，并支付承包人合理利润；经检验证明工程质量不符合合同要求的，由此增加的费用和（或）工期延误，由承包人承担。

承包人未通知监理人到场检查，私自将工程隐蔽部位覆盖的，监理人有权指示承包人钻孔探测或揭开检查，无论工程隐蔽部位质量是否合格，由此增加的费用和（或）工期延误由承包人承担。

7.4 清除不合格工程

由于承包人的材料、工程设备，或采用施工工艺不符合合同要求造成的任何缺陷，监理人可以随时发出指示，要求承包人立即采取措施进行补救，直至达到合同要求的质量标准，由此增加的费用和（或）工期延误由承包人承担。

8 试验和检验

8.1 材料、工程设备和工程的试验和检验

8.1.1 承包人应按合同约定进行材料、工程设备和工程的试验和检验，并为监理人对上述材料、工程设备和工程的质量检查提供必要的试验资料和原始记录。按合同约定应由监理人与承包人共同进行试验和检验的，由承包人负责提供必要的试验资料和原始记录。

8.1.2 监理人未按合同约定派员参加试验和检验的，除监理人另有指示外，承包人可自行试验和检验，并应立即将试验和检验结果报送监理人，监理人应签字确认。

8.1.3 监理人对承包人的试验和检验结果有疑问的，或为查清承包人试验和检验成果的可靠性要求承包人重新试验和检验的，可按合同约定由监理人与承包人共同进行。重新试验和检验的结果证明该项材料、工程设备或工程的质量不符合合同要求的，由此增加的费用和（或）工期延误由承包人承担；重新试验和检验结果证明该项材料、工程设备和工程符合合同要求，由发包人承担由此增加的费用和（或）工期延误，并支付承包人合理利润。

8.2 现场材料试验

8.2.1 承包人根据合同约定或监理人指示进行的现场材料试验，应由承包人提供试验场所、试验人员、试验设备器材以及其他必要的试验条件。

8.2.2 监理人在必要时可以使用承包人的试验场所、试验设备器材以及其他试验条件，进行以工程质量检查为目的的复核性材料试验，承包人应予以协助。

9 变更

9.1 变更权

在履行合同过程中，经发包人同意，监理人可按第 9.2 款约定的变更程序向承包人作出变更指示，承包人应遵照执行。

9.2 变更程序

承包人应在收到变更指示 14 天内，向监理人提交变更报价书。监理人应审查，并在收到承包人变更报价书后 14 天内，与发包人和承包人共同商定此估价。在未达成协议的情况下，监理人应确定该估价。

9.3 变更的估价原则

除专用合同条款另有约定外，因变更引起的价格调整按照本款约定处理：

（1）已标价工程量清单中有适用于变更工作的子目的，采用该子目的单价；

（2）已标价工程量清单中无适用于变更工作的子目，但有类似子目的，可在合理范围内参照类似项目，由监理人按第3.5款商定或确定变更工作的单价；

（3）已标价工程量清单中无适用或类似子目的单价，可按照成本加利润的原则，由监理人按第3.5款商定或确定变更工作的单价。

9.4 暂列金额

暂列金额只能按照监理人的指示使用，并对合同价格进行相应调整。

9.5 计日工

9.5.1 发包人认为有必要时，由监理人通知承包人以计日工方式实施变更的零星工作。其价款按列入已标价工程量清单中的计日工计价子目及其单价进行计算。

9.5.2 采用计日工计价的任何一项变更工作，应从暂列金额中支付，承包人应在该项变更的实施过程中，每天提交以下报表和有关凭证报送监理人审批：

（1）工作名称、内容和数量；

（2）投入该工作所有人员的姓名、工种、级别和耗用工时；

（3）投入该工作的材料类别和数量；

（4）投入该工作的施工设备型号、台数和耗用台时；

（5）监理人要求提交的其他资料和凭证。

9.5.3 计日工由承包人汇总后，按第10.3款的约定列入进度付款申请单，由监理人复核并经发包人同意后列入进度付款。

10 计量与支付

10.1 计量

除专用合同条款另有约定外，承包人应根据有合同约束力的进度计划，按月分解签约合同价，形成支付分解报告，送监理人批准后成为有合同约束力的支付分解表，按有合同约束力的支付分解表分期计量和支付；支付分解表应随进度计划的修订而调整；除按照第9条约定的变更外，签约合同价所基于的工程量即是用于竣工结算的最终工程量。

10.2 预付款

预付款用于承包人为合同工程施工购置材料、工程设备、施工设备、修建临时设施以及组织施工队伍进场等。预付款的额度、预付办法，以及扣回与还清办法在专用合同条款中约定。预付款必须专用于合同工程。

10.3 工程进度付款

承包人应在第10.1款约定的支付分解表确定的每个付款周期末，按监理人批准的格式和专用合同条款约定的份数，向监理人提交进度付款申请单，并附相应的支持性证明文件。除专用合同条款另有约定外，进度付款申请单应包括下列内容：

（1）截至本次付款周期末已实施工程的合同价款；

（2）根据第9条应增加和扣减的变更金额；

（3）根据第16条应增加和扣减的索赔金额；

（4）根据第10.2款应支付的预付款和扣减的返还预付款；

（5）根据第10.4款应扣减的质量保证金；

（6）根据合同应增加和扣减的其他金额。

监理人应在收到承包人进度付款申请单以及相应的支持性证明文件后的7天内完成核查，并向承包人出具经发包人签认的付款证书。发包人应在监理人收到进度付款申请单的14天内将进度应付款支付给承包人。涉及政府投资资金的，按照国库集中支付等国家相关规定和专用合同条款的约定执行。

10.4 质量保证金

监理人应从第一个付款周期开始，在发包人的进度付款中，按专用合同条款的约定扣留质量保证金，直至扣留的质量保证金总额达到专用合同条款约定的金额或比例为止。

在专用合同条款约定的缺陷责任期满时，承包人向发包人申请到期应返还承包人剩余的质量保证金金额，发包人应在 14 天内会同承包人按照合同约定的内容核实承包人是否完成缺陷责任，并将无异议的剩余质量保证金返还承包人。

10.5 竣工结算

10.5.1 除专用合同条款另有约定外，竣工结算价格不因物价波动和法律变化而调整。

10.5.2 工程接收证书颁发后，承包人应按专用合同条款约定的份数和期限向监理人提交竣工付款申请单，并提供相关证明材料。监理人应当在收到竣工结算申请单的 7 天内完成核查、准备竣工付款证书并送发包人审核，发包人应在收到后 14 天内提出具体意见或签认竣工付款证书，并在监理人收到竣工结算申请单的 28 天内将应付款支付给承包人。发包人未在约定时间内审核并提出具体意见或者签认竣工付款证书的，视为同意承包人提出的竣工付款金额。

10.5.3 竣工付款涉及政府投资资金的，按照国库集中支付等国家相关规定和专用合同条款的约定执行。

10.6 付款延误

发包人不按期支付的，按专用合同条款的约定支付逾期付款违约金。

11 竣工验收

11.1 竣工验收的含义

11.1.1 竣工验收是指承包人完成了全部合同工作后，发包人按合同要求进行的验收。

11.1.2 需要进行国家验收的，竣工验收是国家验收的一部分。竣工验收所采用的各项验收和评定标准应符合国家验收标准。发包人和承包人为竣工验收提供的各项竣工验收资料应符合国家验收的要求。

11.2 竣工验收申请报告

当工程具备竣工条件时，承包人即可向监理人报送竣工验收申请报告。

11.3 竣工和验收

监理人审查后认为具备竣工验收条件的，提请发包人进行工程验收。发包人经过验收后同意接收工程的，由监理人向承包人出具经发包人签认的工程接收证书。

除专用合同条款另有约定外，经验收合格工程的实际竣工日期，以提交竣工验收申请报告的日期为准，并在工程接收证书中写明。

11.4 试运行

除专用合同条款另有约定外，承包人应按专用合同条款约定进行工程及工程设备试运行，负责提供试运行所需的人员、器材和必要的条件，并承担全部试运行费用。

11.5 竣工清场

除合同另有约定外，工程接收证书颁发后，承包人应对施工场地进行清理，直至监理人检验合格为止。竣工清场费用由承包人承担。

12 缺陷责任与保修责任

12.1 缺陷责任

缺陷责任自实际竣工日期起计算。在缺陷责任期内，已交付的工程由于承包人的材料、设备或工艺不符合合同要求所产生的缺陷，修补费用由承包人承担。由于承包人原因造成某项缺陷或损坏使某项工程或工程设备不能按原定目标使用而需要再次检查、检验和修复的，发包人有权要求承包人相应延长缺陷责任期，但缺陷责任期最长不超过 2 年。

12.2 保修责任

合同当事人根据有关法律规定，在专用合同条款中约定工程质量保修范围、期限和责任。保修期自实际竣工日期起计算。

13　保险

13.1　保险范围

13.1.1　承包人按照专用合同条款的约定向双方同意的保险人投保建筑工程一切险或安装工程一切险等保险。具体的投保险种、保险范围、保险金额、保险费率、保险期限等有关内容应当在专用合同条款中明确约定。

13.1.2　承包人应依照有关法律规定参加工伤保险和人身意外伤害险，为其履行合同所雇佣的全部人员，缴纳工伤保险费和人身意外伤害险费。

13.1.3　发包人应依照有关法律规定参加工伤保险和人身意外伤害险，为其现场机构雇佣的全部人员，缴纳工伤保险费和人身意外伤害险费，并要求其监理人也进行此类保险。

13.2　未办理保险

13.2.1　由于负有投保义务的一方当事人未按合同约定办理保险，或未能使保险持续有效的，另一方当事人可代为办理，所需费用由对方当事人承担。

13.2.2　由于负有投保义务的一方当事人未按合同约定办理某项保险，导致受益人未能得到保险人的赔偿，原应从该项保险得到的保险金应由负有投保义务的一方当事人支付。

14　不可抗力

14.1　不可抗力的确认

14.1.1　不可抗力是指承包人和发包人在订立合同时不可预见，在履行合同过程中不可避免发生并不能克服的自然灾害和社会性突发事件，如地震、海啸、瘟疫、水灾、骚乱、暴动、战争和专用合同条款约定的其他情形。

14.1.2　不可抗力发生后，发包人和承包人应及时认真统计所造成的损失，收集不可抗力造成损失的证据。合同双方对是否属于不可抗力或其损失的意见不一致的，由监理人按第3.5款商定或确定。发生争议时，按第17条的约定执行。

14.2　不可抗力的通知

合同一方当事人遇到不可抗力事件，使其履行合同义务受到阻碍时，应立即通知合同另一方当事人和监理人，书面说明不可抗力和受阻碍的详细情况，并提供必要的证明。如不可抗力持续发生，合同一方当事人应及时向合同另一方当事人和监理人提交中间报告，说明不可抗力和履行合同受阻的情况，并于不可抗力事件结束后14天内提交最终报告及有关资料。

14.3　不可抗力后果及其处理

除专用合同条款另有约定外，不可抗力导致的人员伤亡、财产损失、费用增加和（或）工期延误等后果，由合同双方按以下原则承担：

（1）永久工程，包括已运至施工场地的材料和工程设备的损害，以及因工程损害造成的第三者人员伤亡和财产损失由发包人承担；

（2）承包人设备的损坏由承包人承担；

（3）发包人和承包人各自承担其人员伤亡和其他财产损失及其相关费用；

（4）承包人的停工损失由承包人承担，但停工期间应监理人要求照管工程和清理、修复工程的金额由发包人承担；

（5）不能按期竣工的，应合理延长工期，承包人不需支付逾期竣工违约金。发包人要求赶工的，承包人应采取赶工措施，赶工费用由发包人承担。

15 违约

15.1 承包人违约

15.1.1 如果承包人拒绝或未能遵守监理人的指示，或未能按合同进度计划及时完成合同约定的工作，已造成或预期造成工期延误，或违反合同不顾书面警告，监理人可发出通知，告知承包人违约。

15.1.2 如果承包人在收到监理人通知后21天内，没有采取可行的措施纠正违约，发包人可向承包人发出解除合同通知。发包人因继续完成该工程的需要，有权扣留使用承包人在现场的材料、设备和临时设施。但发包人的这一行动不免除承包人应承担的违约责任，也不影响发包人根据合同约定享有的索赔权利。

15.2 发包人违约

15.2.1 如果发包人未能按合同付款，或违反合同不顾书面警告，承包人可发出通知，告知发包人违约。如果发包人在收到该通知后14天内未纠正违约，承包人可暂停工作或放慢工作进度。

15.2.2 如果发包人收到承包人通知后28内未纠正违约，承包人可向发包人发出解除合同通知。合同解除后，承包人应妥善做好已竣工工程和已购材料、设备的保护和移交工作，按发包人要求将承包人设备和人员撤出施工场地，同时发包人应为承包人的撤出提供必要条件，但承包人的这一行动不免除发包人应承担的违约责任，也不影响承包人根据合同约定享有的索赔权利。

16 索赔

16.1 承包人索赔的提出

根据合同约定，承包人认为有权得到追加付款和（或）延长工期的，应按以下程序向发包人提出索赔：

（1）承包人应在知道或应当知道索赔事件发生后14天内，向监理人递交索赔通知书。索赔通知书应详细说明索赔理由以及要求追加的付款金额和（或）延长的工期，并附必要的记录和证明材料；

（2）索赔事件具有连续影响的，承包人应在索赔事件影响结束后的14天内，向监理人递交最终索赔通知书，说明最终要求索赔的追加付款金额和延长的工期，并附必要的记录和证明材料；

（3）承包人未在前述14天内递交索赔通知书的，丧失要求追加付款和（或）延长工期的权利。

16.2 承包人索赔处理程序

（1）监理人收到承包人提交的索赔通知书后，应按第3.5款商定或确定追加的付款和（或）延长的工期，并在收到上述索赔通知书或有关索赔的进一步证明材料后的14天内，将索赔处理结果答复承包人。

（2）承包人接受索赔处理结果的，发包人应在作出索赔处理结果答复后14天内完成赔付。承包人不接受索赔处理结果的，按第17条的约定执行。

16.3 承包人提出索赔的期限

承包人按第10.5款的约定接受了竣工付款证书后，应被认为已无权再提出在合同工程接收证书颁发前所发生的任何索赔。

16.4 发包人索赔的提出

根据合同约定，发包人认为有权得到追加付款和（或）延长工期的，应按以下程序向承包人提出索赔：

（1）监理人应在知道或应当知道索赔事件发生后14天内，向承包人递交索赔通知书。索赔通知书应详细说明索赔理由以及要求追加的付款金额和（或）延长的工期，并附必要的记录和证明材料；

（2）索赔事件具有连续影响的，监理人应在索赔事件影响结束后的14天内，向承包人递交最终索赔通知书，说明最终要求索赔的追加付款金额和延长的工期，并附必要的记录和证明材料。

16.5 发包人索赔处理程序

（1）承包人收到监理人提交的索赔通知书后，应按第3.5款商定或确定追加的付款和（或）延长的工期，并在收到上述索赔通知书或有关索赔的进一步证明材料后的14天内，将索赔处理结果答复监理人。

（2）监理人接受索赔处理结果的，承包人应在作出索赔处理结果答复后14天内完成赔付。监理人不接受索赔处理结果的，按第17条的约定执行。

17　争议的解决

17.1　争议的解决方式

发包人和承包人在履行合同中发生争议的，可以友好协商解决或者提请争议评审组评审。合同当事人友好协商解决不成、不愿提请争议评审或者不接受争议评审组意见的，可在专用合同条款中约定下列一种方式解决：

（1）向约定的仲裁委员会申请仲裁；

（2）向有管辖权的人民法院提起诉讼。

17.2　友好解决

在提请争议评审、仲裁或者诉讼前，以及在争议评审、仲裁或诉讼过程中，发包人和承包人均可共同努力友好协商解决争议。

17.3　争议评审

17.3.1　采用争议评审的，发包人和承包人应当在专用合同条款中约定争议评审的程序和规则，并在开工日后的28天内或在争议发生后，协商成立争议评审组。

17.3.2　发包人和承包人接受评审意见的，由监理人根据评审意见拟定执行协议，经争议双方签字后作为合同的补充文件，并遵照执行。

17.3.3　发包人或承包人不接受评审意见，并要求提交仲裁或提起诉讼的，应在收到评审意见后的14天内将仲裁或起诉意向书面通知另一方，并抄送监理人，但在仲裁或诉讼结束前应暂按总监理工程师的确定执行。

第二节 专用合同条款

第三节　合同附件格式

附件一：合同协议书

合同协议书

_____（发包人名称，以下简称"发包人"）为实施_____（项目名称），已接受_____（承包人名称，以下简称"承包人"）对该项目的投标。发包人和承包人共同达成如下协议。

1. 本协议书与下列文件一起构成合同文件：

（1）中标通知书；

（2）投标函及投标函附录；

（3）专用合同条款；

（4）通用合同条款；

（5）技术标准和要求；

（6）图纸；

（7）已标价工程量清单；

（8）其他合同文件。

2. 上述文件互相补充和解释，如有不明确或不一致之处，以合同约定次序在先者为准。

3. 签约合同价：人民币（大写）_____（￥_____）。

4. 合同形式：_____。

5. 计划开工日期：_____年_____月_____日；

计划竣工日期：_____年_____月_____日；工期：_____日历天。

6. 承包人项目经理：_____。

7. 工程质量符合_____标准。

8. 承包人承诺按合同约定承担工程的施工、竣工交付及缺陷修复。

9. 发包人承诺按合同约定的条件、时间和方式向承包人支付合同价款。

10. 本协议书一式_____份，合同双方各执_____份。

11. 合同未尽事宜，双方另行签订补充协议。补充协议是合同的组成部分。

发包人：_____（盖单位章）　　　　承包人：_____（盖单位章）

法定代表人或其委托代理人：_____　　　　法定代表人或其委托代理人：_____

（签字）　　　　　　　　　　　　　　　　　　　　（签字）

_____年_____月_____日　　　　　　　　_____年_____月_____日

附件二：履约担保格式

履约担保

_____（发包人名称）：

鉴于_____（发包人名称，以下简称"发包人"）接受_____（承包人名称，以下称"承包人"）于_____年_____月_____日参加_____（项目名称）的投标。我方愿意就承包人履行与你方订立的合同，向你方提供担保。

1. 担保金额人民币（大写）_____（￥_____）。

2. 担保有效期自发包人与承包人签订的合同生效之日起至发包人签发工程接收证书之日止。

3. 在本担保有效期内，因承包人违反合同约定的义务给你方造成经济损失时，我方在收到你方以书面形式提出的在担保金额内的赔偿要求后，在 7 天内支付。

4. 发包人和承包人按《通用合同条款》第 9 条变更合同时，我方承担本担保规定的义务不变。

担　保　人：_____（盖单位章）

法定代表人或其委托代理人：_____（签字）

地　　　址：_____

邮政编码：_____

电　　　话：_____

传　　　真：_____

_____年_____月_____日

第五章 工程量清单

1 工程量清单说明

1.1 本工程量清单是根据招标文件中包括的、有合同约束力的图纸以及有关工程量清单的国家标准、行业标准、合同条款中约定的工程量计算规则编制。约定计量规则中没有的子目，其工程量按照有合同约束力的图纸所标示尺寸的理论净量计算。计量采用中华人民共和国法定计量单位。

1.2 本工程量清单应与招标文件中的投标人须知、通用合同条款、专用合同条款、技术标准和要求及图纸等一起阅读和理解。

1.3 本工程量清单仅是投标报价的共同基础，实际工程计量和工程价款的支付应遵循合同条款的约定和第七章"技术标准和要求"的有关规定。

1.4 补充子目工程量计算规则及子目工作内容说明：_____。

2 投标报价说明

2.1 工程量清单中的每一子目须填入单价或价格，且只允许有一个报价。

2.2 工程量清单中标价的单价或金额，应包括所需的人工费、材料和施工机具使用费和企业管理费、利润以及一定范围内的风险费用等。

2.3 工程量清单中投标人没有填入单价或价格的子目，其费用视为已分摊在工程量清单中其他相关子目的单价或价格之中。

2.4 暂列金额的数量及拟用子目的说明：

3 其他说明

4 工程量清单

4.1 工程量清单表

_____（项目名称）

序号	编码	子目名称	内 容 描 述	单位	数量	单价	合价
						本页报价合计：	_____

4.2　计日工表

4.2.1　劳务

编号	子目名称	单位	暂定数量	单价	合价
				劳务小计金额：_____ （计入"计日工汇总表"）	

4.2.2　材料

编号	子目名称	单位	暂定数量	单价	合价
				材料小计金额：_____ （计入"计日工汇总表"）	

4.2.3　施工机械

编号	子目名称	单位	暂定数量	单价	合价
				施工机械小计金额：_____ （计入"计日工汇总表"）	

4.2.4　计日工汇总表

名称	金额	备注
劳务		
材料		
施工机械		
	计日工总计：_____ （计入"投标报价汇总表"）	

4.3 投标报价汇总表

_____（项目名称）

汇总内容	金额	备注
......		
......		
......		
......		
......		
......		
......		
......		
......		
......		
......		
......		
......		
......		
清单小计　A		
暂列金额　E		
包含在暂列金额中的计日工　D		
规费　G		
税金　H		
投标报价　P = A + E + G + H		

4.4　工程量清单单价分析表

序号	编码	子目名称	人工费			材料费						机械使用费	其他	管理费	利润	单价
						主材				辅材费	金额					
			工日	单价	金额	主材耗量	单位	单价	主材费							

第六章　图　　纸

1　图纸目录

序号	图名	图号	版本	出图日期	备注

2　图纸

第七章　技术标准和要求

第八章　投标文件格式

_____（项目名称）

投标文件

投标人：_____（盖单位章）

法定代表人或其委托代理人：_____（签字）

_____年_____月_____日

目 录

一、投标函及投标函附录

（一）投标函

_____（招标人名称）：

1. 我方已仔细研究了_____（项目名称）招标文件的全部内容，愿意以人民币（大写）_____（￥_____）的投标总报价，工期_____日历天，按合同约定实施和完成承包工程，修补工程中的任何缺陷，工程质量达到_____。

2. 我方承诺在招标文件规定的投标有效期内不修改、撤销投标文件。

3. 随同本投标函提交投标保证金一份，金额为人民币（大写）_____（￥_____）。

4. 如我方中标：

（1）我方承诺在收到中标通知书后，在中标通知书规定的期限内与你方签订合同。

（2）随同本投标函递交的投标函附录属于合同文件的组成部分。

（3）我方承诺按照招标文件规定向你方递交履约担保。

（4）我方承诺在合同约定的期限内完成并移交全部合同工程。

5. 我方在此声明，所递交的投标文件及有关资料内容完整、真实和准确，且不存在第二章"投标人须知"第1.4.2项和第1.4.3项规定的任何一种情形。

6. _____（其他补充说明）。

投标人：_____（盖单位章）

法定代表人或其委托代理人：_____（签字）

地　　址：_____

网　　址：_____

电　　话：_____

传　　真：_____

邮政编码：_____

_____年_____月_____日

（二）投标函附录

序号	条款名称	合同条款号	约定内容	备注
1	项目经理	1.1.2.4	姓名：_____	
2	工期	1.1.4.3	天数：_____日历天	
3	缺陷责任期	1.1.4.5		
……	……	……	……	
……	……	……	……	
……	……	……	……	
……	……	……	……	
……	……	……	……	

二、法定代表人身份证明

投标人名称：＿＿＿＿＿＿＿＿＿＿＿＿＿＿＿＿＿＿＿＿

单位性质：＿＿＿＿＿＿＿＿＿＿＿＿＿＿＿＿＿＿＿＿＿＿

地址：＿＿＿＿＿＿＿＿＿＿＿＿＿＿＿＿＿＿＿＿＿＿＿＿

成立时间：＿＿＿＿＿年＿＿＿＿＿月＿＿＿＿＿日

经营期限：＿＿＿＿＿＿＿＿＿＿＿＿＿＿＿＿＿＿＿＿＿

姓名：＿＿＿＿＿性别：＿＿＿＿＿年龄：＿＿＿＿＿职务：＿＿＿＿＿

系＿＿＿＿＿＿＿＿＿＿＿＿＿＿＿＿＿（投标人名称）的法定代表人。

特此证明。

投标人：＿＿＿＿＿＿＿＿＿＿＿＿（盖单位章）

＿＿＿＿＿年＿＿＿＿＿月＿＿＿＿＿日

二、授权委托书

本人_____（姓名）系_____（投标人名称）的法定代表人，现委托_____（姓名）为我方代理人。代理人根据授权，以我方名义签署、澄清、说明、补正、递交、撤回、修改_____（项目名称）投标文件、签订合同和处理有关事宜，其法律后果由我方承担。

委托期限：_____。

代理人无转委托权。

附：法定代表人身份证明

投标人：_____（盖单位章）

法定代表人：_____（签字）

身份证号码：_____

委托代理人：_____（签字）

身份证号码：_____

_____年_____月_____日

三、投标保证金

_____（招标人名称）：

　　鉴于_____（投标人名称）（以下称"投标人"）于_____年_____月_____日参加_____（项目名称）的投标，_____（担保人名称，以下简称"我方"）保证：投标人在规定的投标文件有效期内撤销或修改其投标文件的，或者投标人在收到中标通知书后无正当理由拒签合同或拒交规定履约担保的，我方承担保证责任。收到你方书面通知后，在 7 日内向你方支付人民币（大写）_____。

　　本保函在投标有效期内保持有效。要求我方承担保证责任的通知应在投标有效期内送达我方。

担保人名称：_____（盖单位章）

法定代表人或其委托代理人：_____（签字）

地　　址：_____

邮政编码：_____

电　　话：_____

传　　真：_____

_____年_____月_____日

四、已标价工程量清单

五、施工组织设计

1. 投标人编制施工组织设计的要求：编制时应简明扼要地说明施工方法，工程质量、安全生产、文明施工、环境保护、冬雨季施工、工程进度、技术组织等主要措施。用图表形式阐明本项目的施工总平面、进度计划以及拟投入主要施工设备、劳动力、项目管理机构等。

2. 图表及格式要求：

附表一　拟投入的主要施工设备表

附表二　劳动力计划表

附表三　进度计划

附表四　施工总平面图

附表一：拟投入本项目的主要施工设备表

序号	设备名称	型号规格	数量	国别产地	制造年份	额定功率（kW）	生产能力	用于施工部位	备注

附表二：劳动力计划表

单位：人

工种	按工程施工阶段投入劳动力情况						

附表三：进度计划

　　1. 投标人应递交施工进度网络图或施工进度表，说明按招标文件要求的计划工期进行施工的各个关键日期。

　　2. 施工进度表可采用网络图或横道图表示。

附表四：施工总平面图

投标人应递交一份施工总平面图，绘出现场临时设施布置图表，并注明临时设施、加工车间、现场办公、设备及仓储、供电、供水、卫生、生活、道路、消防等设施的情况和布置。

六、项目管理机构

（一）项目管理机构组成表

职务	姓名	职称	执业或职业资格证明					备注
			证书名称	级别	证号	专业	养老保险	

（二）项目经理简历表

应附注册建造师执业资格证书、身份证、职称证、学历证、养老保险复印件，管理过的项目业绩须附合同协议书复印件。

姓　名		年龄		学历	
职　称		职务		拟在本合同任职	
毕业学校		年毕业于　　　　学校　　　　专业			
主要工作经历					
时　间	参加过的类似项目		担任职务	发包人及联系电话	

七、资格审查资料

（一）投标人基本情况表

投标人名称				
注册地址			邮政编码	
联系方式	联系人		电话	
	传真		网址	
组织结构				
法定代表人	姓名		技术职称	电话
技术负责人	姓名		技术职称	电话
成立时间		员工总人数：		
企业资质等级		其中	项目经理	
营业执照号			高级职称人员	
注册资金			中级职称人员	
开户银行			初级职称人员	
账号			技工	
经营范围				
备注				

（二）近年财务状况表

（三）近年完成的类似项目情况表

项目名称	
项目所在地	
发包人名称	
发包人地址	
发包人电话	
合同价格	
开工日期	
竣工日期	
承担的工作	
工程质量	
项目经理	
技术负责人	
项目描述	
备注	

（四）正在实施的和新承接的项目情况表

项目名称	
项目所在地	
发包人名称	
发包人地址	
发包人电话	
签约合同价	
开工日期	
计划竣工日期	
承担的工作	
工程质量	
项目经理	
技术负责人	
项目描述	
备注	

（五）其他资格审查资料

中华人民共和国建筑法

(1997 年 11 月 1 日第八届全国人民代表大会常务委员会第二十八次会议通过，根据 2011 年 4 月 22 日第十一届全国人民代表大会常务委员会第二十次会议《关于修改〈中华人民共和国建筑法〉的决定》修正，2011 年 4 月 22 日中华人民共和国主席令第四十六号公布，自 2011 年 7 月 1 日起施行)

第一章 总 则

第一条 为了加强对建筑活动的监督管理，维护建筑市场秩序，保证建筑工程的质量和安全，促进建筑业健康发展，制定本法。

第二条 在中华人民共和国境内从事建筑活动，实施对建筑活动的监督管理，应当遵守本法。

本法所称建筑活动，是指各类房屋建筑及其附属设施的建造和与其配套的线路、管道、设备的安装活动。

第三条 建筑活动应当确保建筑工程质量和安全，符合国家的建筑工程安全标准。

第四条 国家扶持建筑业的发展，支持建筑科学技术研究，提高房屋建筑设计水平，鼓励节约能源和保护环境，提倡采用先进技术、先进设备、先进工艺、新型建筑材料和现代管理方式。

第五条 从事建筑活动应当遵守法律、法规，不得损害社会公共利益和他人的合法权益。

任何单位和个人都不得妨碍和阻挠依法进行的建筑活动。

第六条 国务院建设行政主管部门对全国的建筑活动实施统一监督管理。

第二章 建筑许可

第一节 建筑工程施工许可

第七条 建筑工程开工前，建设单位应当按照国家有关规定向工程所在地县级以上人民政府建设行政主管部门申请领取施工许可证；但是，国务院建设行政主管部门确定的限额以下的小型工程除外。

按照国务院规定的权限和程序批准开工报告的建筑工程，不再领取施工许可证。

第八条 申请领取施工许可证，应当具备下列条件：

（一）已经办理该建筑工程用地批准手续；

（二）在城市规划区的建筑工程，已经取得规划许可证；

（三）需要拆迁的，其拆迁进度符合施工要求；

（四）已经确定建筑施工企业；

（五）有满足施工需要的施工图纸及技术资料；

（六）有保证工程质量和安全的具体措施；

（七）建设资金已经落实；

（八）法律、行政法规规定的其他条件。

建设行政主管部门应当自收到申请之日起十五日内，对符合条件的申请颁发施工许可证。

第九条 建设单位应当自领取施工许可证之日起三个月内开工。因故不能按期开工的，应当向发证机关申请延期；延期以两次为限，每次不超过三个月。既不开工又不申请延期或者超过延期时限的，施工许可证自行废止。

第十条 在建的建筑工程因故中止施工的，建设单位应当自中止施工之日起一个月内，向发证机关报告，并按照规定做好建筑工程的维护管理工作。

建筑工程恢复施工时，应当向发证机关报告；中止施工满一年的工程恢复施工前，建设单位应当报发证机关核验施工许可证。

第十一条　按照国务院有关规定批准开工报告的建筑工程，因故不能按期开工或者中止施工的，应当及时向批准机关报告情况。因故不能按期开工超过六个月的，应当重新办理开工报告的批准手续。

第二节　从业资格

第十二条　从事建筑活动的建筑施工企业、勘察单位、设计单位和工程监理单位，应当具备下列条件：

（一）有符合国家规定的注册资本；

（二）有与其从事的建筑活动相适应的具有法定执业资格的专业技术人员；

（三）有从事相关建筑活动所应有的技术装备；

（四）法律、行政法规规定的其他条件。

第十三条　从事建筑活动的建筑施工企业、勘察单位、设计单位和工程监理单位，按照其拥有的注册资本、专业技术人员、技术装备和已完成的建筑工程业绩等资质条件，划分为不同的资质等级，经资质审查合格，取得相应等级的资质证书后，方可在其资质等级许可的范围内从事建筑活动。

第十四条　从事建筑活动的专业技术人员，应当依法取得相应的执业资格证书，并在执业资格证书许可的范围内从事建筑活动。

第三章　建筑工程发包与承包

第一节　一般规定

第十五条　建筑工程的发包单位与承包单位应当依法订立书面合同，明确双方的权利和义务。

发包单位和承包单位应当全面履行合同约定的义务。不按照合同约定履行义务的，依法承担违约责任。

第十六条　建筑工程发包与承包的招标投标活动，应当遵循公开、公正、平等竞争的原则，择优选择承包单位。

建筑工程的招标投标，本法没有规定的，适用有关招标投标法律的规定。

第十七条　发包单位及其工作人员在建筑工程发包中不得收受贿赂、回扣或者索取其他好处。

承包单位及其工作人员不得利用向发包单位及其工作人员行贿、提供回扣或者给予其他好处等不正当手段承揽工程。

第十八条　建筑工程造价应当按照国家有关规定，由发包单位与承包单位在合同中约定。公开招标发包的，其造价的约定，须遵守招标投标法律的规定。

发包单位应当按照合同的约定，及时拨付工程款项。

第二节　发　包

第十九条　建筑工程依法实行招标发包，对不适于招标发包的可以直接发包。

第二十条　建筑工程实行公开招标的，发包单位应当依照法定程序和方式，发布招标公告，提供载有招标工程的主要技术要求、主要的合同条款、评标的标准和方法以及开标、评标、定标的程序等内容的招标文件。

开标应当在招标文件规定的时间、地点公开进行。开标后应当按照招标文件规定的评标标准和程序对标书进行评价、比较，在具备相应资质条件的投标者中，择优选定中标者。

第二十一条　建筑工程招标的开标、评标、定标由建设单位依法组织实施，并接受有关行政主管部门的监督。

第二十二条　建筑工程实行招标发包的，发包单位应当将建筑工程发包给依法中标的承包单位。建筑工程实行直接发包的，发包单位应当将建筑工程发包给具有相应资质条件的承包单位。

第二十三条 政府及其所属部门不得滥用行政权力，限定发包单位将招标发包的建筑工程发包给指定的承包单位。

第二十四条 提倡对建筑工程实行总承包，禁止将建筑工程肢解发包。

建筑工程的发包单位可以将建筑工程的勘察、设计、施工、设备采购一并发包给一个工程总承包单位，也可以将建筑工程勘察、设计、施工、设备采购的一项或者多项发包给一个工程总承包单位；但是，不得将应当由一个承包单位完成的建筑工程肢解成若干部分发包给几个承包单位。

第二十五条 按照合同约定，建筑材料、建筑构配件和设备由工程承包单位采购的，发包单位不得指定承包单位购入用于工程的建筑材料、建筑构配件和设备或者指定生产厂、供应商。

第三节 承 包

第二十六条 承包建筑工程的单位应当持有依法取得的资质证书，并在其资质等级许可的业务范围内承揽工程。

禁止建筑施工企业超越本企业资质等级许可的业务范围或者以任何形式用其他建筑施工企业的名义承揽工程。禁止建筑施工企业以任何形式允许其他单位或者个人使用本企业的资质证书、营业执照，以本企业的名义承揽工程。

第二十七条 大型建筑工程或者结构复杂的建筑工程，可以由两个以上的承包单位联合共同承包。共同承包的各方对承包合同的履行承担连带责任。

两个以上不同资质等级的单位实行联合共同承包的，应当按照资质等级低的单位的业务许可范围承揽工程。

第二十八条 禁止承包单位将其承包的全部建筑工程转包给他人，禁止承包单位将其承包的全部建筑工程肢解以后以分包的名义分别转包给他人。

第二十九条 建筑工程总承包单位可以将承包工程中的部分工程发包给具有相应资质条件的分包单位；但是，除总承包合同中约定的分包外，必须经建设单位认可。施工总承包的，建筑工程主体结构的施工必须由总承包单位自行完成。

建筑工程总承包单位按照总承包合同的约定对建设单位负责；分包单位按照分包合同的约定对总承包单位负责。总承包单位和分包单位就分包工程对建设单位承担连带责任。

禁止总承包单位将工程分包给不具备相应资质条件的单位。禁止分包单位将其承包的工程再分包。

第四章 建筑工程监理

第三十条 国家推行建筑工程监理制定。

国务院可以规定实行强制监理的建筑工程的范围。

第三十一条 实行监理的建筑工程，由建设单位委托具有相应资质条件的工程监理单位监理。建设单位与其委托的工程监理单位应当订立书面委托监理合同。

第三十二条 建筑工程监理应当依照法律、行政法规及有关的技术标准、设计文件和建筑工程承包合同，对承包单位在施工质量、建设工期和建设资金使用等方面，代表建设单位实施监督。

工程监理人员认为工程施工不符合工程设计要求、施工技术标准和合同约定的，有权要求建筑施工企业改正。

工程监理人员发现工程设计不符合建筑工程质量标准或者合同约定的质量要求的，应当报告建设单位要求设计单位改正。

第三十三条 实施建筑工程监理前，建设单位应当将委托的工程监理单位、监理的内容及监理权限，书面通知被监理的建筑施工企业。

第三十四条 工程监理单位应当在其资质等级许可的监理范围内，承担工程监理业务。

工程监理单位应当根据建设单位的委托，客观、公正地执行监理任务。

工程监理单位与被监理工程的承包单位以及建筑材料、建筑构配件和设备供应单位不得有隶属关系或者其他利害关系。

工程监理单位不得转让工程监理业务。

第三十五条　工程监理单位不按照委托监理合同的约定履行监理义务，对应当监督检查的项目不检查或者不按照规定检查，给建设单位造成损失的，应当承担相应的赔偿责任。

工程监理单位与承包单位串通，为承包单位谋取非法利益，给建设单位造成损失的，应当与承包单位承担连带赔偿责任。

第五章　建筑安全生产管理

第三十六条　建筑工程安全生产管理必须坚持安全第一、预防为主的方针，建立健全安全生产的责任制度和群防群治制度。

第三十七条　建筑工程设计应当符合按照国家规定制定的建筑安全规程和技术规范，保证工程的安全性能。

第三十八条　建筑施工企业在编制施工组织设计时，应当根据建筑工程的特点制定相应的安全技术措施；对专业性较强的工程项目，应当编制专项安全施工组织设计，并采取安全技术措施。

第三十九条　建筑施工企业应当在施工现场采取维护安全、防范危险、预防火灾等措施；有条件的，应当对施工现场实行封闭管理。

施工现场对毗邻的建筑物、构筑物和特殊作业环境可能造成损害的，建筑施工企业应当采取安全防护措施。

第四十条　建设单位应当向建筑施工企业提供与施工现场相关的地下管线资料，建筑施工企业应当采取措施加以保护。

第四十一条　建筑施工企业应当遵守有关环境保护和安全生产的法律、法规的规定，采取控制和处理施工现场的各种粉尘、废气、废水、固体废物以及噪声、振动对环境的污染和危害的措施。

第四十二条　有下列情形之一的，建设单位应当按照国家有关规定办理申请批准手续：

（一）需要临时占用规划批准范围以外场地的；

（二）可能损坏道路、管线、电力、邮电通讯等公共设施的；

（三）需要临时停水、停电、中断道路交通的；

（四）需要进行爆破作业的；

（五）法律、法规规定需要办理报批手续的其他情形。

第四十三条　建设行政主管部门负责建筑安全生产的管理，并依法接受劳动行政主管部门对建筑安全生产的指导和监督。

第四十四条　建筑施工企业必须依法加强对建筑安全生产的管理，执行安全生产责任制度，采取有效措施，防止伤亡和其他安全生产事故的发生。

建筑施工企业的法定代表人对本企业的安全生产负责。

第四十五条　施工现场安全由建筑施工企业负责。实行施工总承包的，由总承包单位负责。分包单位向总承包单位负责，服从总承包单位对施工现场的安全生产管理。

第四十六条　建筑施工企业应当建立健全劳动安全生产教育培训制度，加强对职工安全生产的教育培训；未经安全生产教育培训的人员，不得上岗作业。

第四十七条　建筑施工企业和作业人员在施工过程中，应当遵守有关安全生产的法律、法规和建筑行业安全规章、规程，不得违章指挥或者违章作业。作业人员有权对影响人身健康的作业程序和作业条件提出改进意见，有权获得安全生产所需的防护用品。作业人员对危及生命安全和人身健康的行为有权提出批评、检举和控告。

第四十八条　建筑施工企业应当依法为职工参加工伤保险缴纳工伤保险费。鼓励企业为从事危险作业的职工办理意外伤害保险，支付保险费。

第四十九条　涉及建筑主体和承重结构变动的装修工程，建设单位应当在施工前委托原设计单位或者具有相应资质条件的设计单位提出设计方案；没有设计方案的，不得施工。

第五十条　房屋拆除应当由具备保证安全条件的建筑施工单位承担，由建筑施工单位负责人对安全负责。

第五十一条　施工中发生事故时，建筑施工企业应当采取紧急措施减少人员伤亡和事故损失，并按照国家有关规定及时向有关部门报告。

第六章　建筑工程质量管理

第五十二条　建筑工程勘察、设计、施工的质量必须符合国家有关建筑工程安全标准的要求，具体管理办法由国务院规定。

有关建筑工程安全的国家标准不能适应确保建筑安全的要求时，应当及时修订。

第五十三条　国家对从事建筑活动的单位推行质量体系认证制度。从事建筑活动的单位根据自愿原则可以向国务院产品质量监督管理部门或者国务院产品质量监督管理部门授权的部门认可的认证机构申请质量体系认证。经认证合格的，由认证机构颁发质量体系认证证书。

第五十四条　建设单位不得以任何理由，要求建筑设计单位或者建筑施工企业在工程设计或者施工作业中，违反法律、行政法规和建筑工程质量、安全标准，降低工程质量。

建筑设计单位和建筑施工企业对建设单位违反前款规定提出的降低工程质量的要求，应当予以拒绝。

第五十五条　建筑工程实行总承包的，工程质量由工程总承包单位负责，总承包单位将建筑工程分包给其他单位的，应当对分包工程的质量与分包单位承担连带责任。分包单位应当接受总承包单位的质量管理。

第五十六条　建筑工程的勘察、设计单位必须对其勘察、设计的质量负责。勘察、设计文件应当符合有关法律、行政法规的规定和建筑工程质量、安全标准、建筑工程勘察、设计技术规范以及合同的约定。设计文件选用的建筑材料、建筑构配件和设备，应当注明其规格、型号、性能等技术指标，其质量要求必须符合国家规定的标准。

第五十七条　建筑设计单位对设计文件选用的建筑材料、建筑构配件和设备，不得指定生产厂、供应商。

第五十八条　建筑施工企业对工程的施工质量负责。

建筑施工企业必须按照工程设计图纸和施工技术标准施工，不得偷工减料。工程设计的修改由原设计单位负责，建筑施工企业不得擅自修改工程设计。

第五十九条　建筑施工企业必须按照工程设计要求、施工技术标准和合同的约定，对建筑材料、建筑构配件和设备进行检验，不合格的不得使用。

第六十条　建筑物在合理使用寿命内，必须确保地基基础工程和主体结构的质量。

建筑工程竣工时，屋顶、墙面不得留有渗漏、开裂等质量缺陷；对已发现的质量缺陷，建筑施工企业应当修复。

第六十一条　交付竣工验收的建筑工程，必须符合规定的建筑工程质量标准，有完整的工程技术经济资料和经签署的工程保修书，并具备国家规定的其他竣工条件。

建筑工程竣工经验收合格后，方可交付使用；未经验收或者验收不合格的，不得交付使用。

第六十二条　建筑工程实行质量保修制度。

建筑工程的保修范围应当包括地基基础工程、主体结构工程、屋面防水工程和其他土建工程，以及电气管线、上下水管线的安装工程，供热、供冷系统工程等项目；保修的期限应当按照保证建筑物合理寿命年限内正常使用，维护使用者合法权益的原则确定。具体的保修范围和最低保修期限由国务院规定。

第六十三条　任何单位和个人对建筑工程的质量事故、质量缺陷都有权向建设行政主管部门或者其他有关部门进行检举、控告、投诉。

第七章 法律责任

第六十四条 违反本法规定，未取得施工许可证或者开工报告未经批准擅自施工的，责令改正，对不符合开工条件的责令停止施工，可以处以罚款。

第六十五条 发包单位将工程发包给不具有相应资质条件的承包单位的，或者违反本法规定将建筑工程肢解发包的，责令改正，处以罚款。

超越本单位资质等级承揽工程的，责令停止违法行为，处以罚款，可以责令停业整顿，降低资质等级；情节严重的，吊销资质证书；有违法所得的，予以没收。

未取得资质证书承揽工程的，予以取缔，并处罚款；有违法所得的，予以没收。

以欺骗手段取得资质证书的，吊销资质证书，处以罚款；构成犯罪的，依法追究刑事责任。

第六十六条 建筑施工企业转让、出借资质证书或者以其他方式允许他人以本企业的名义承揽工程的，责令改正，没收违法所得，并处罚款，可以责令停业整顿，降低资质等级；情节严重的，吊销资质证书。对因该项承揽工程不符合规定的质量标准造成的损失，建筑施工企业与使用本企业名义的单位或者个人承担连带赔偿责任。

第六十七条 承包单位将承包的工程转包的，或者违反本法规定进行分包的，责令改正，没收违法所得，并处罚款，可以责令停业整顿，降低资质等级；情节严重的，吊销资质证书。

承包单位有前款规定的违法行为的，对因转包工程或者违法分包的工程不符合规定的质量标准造成的损失，与接受转包或者分包的单位承担连带赔偿责任。

第六十八条 在工程发包与承包中索贿、受贿、行贿，构成犯罪的，依法追究刑事责任；不构成犯罪的，分别处以罚款，没收贿赂的财物，对直接负责的主管人员和其他直接责任人员给予处分。

对在工程承包中行贿的承包单位，除依照前款规定处罚外，可以责令停业整顿，降低资质等级或者吊销资质证书。

第六十九条 工程监理单位与建设单位或者建筑施工企业串通，弄虚作假、降低工程质量的，责令改正，处以罚款，降低资质等级或者吊销资质证书；有违法所得的，予以没收；造成损失的，承担连带赔偿责任；构成犯罪的，依法追究刑事责任。

工程监理单位转让监理业务的，责令改正，没收违法所得，可以责令停业整顿，降低资质等级；情节严重的，吊销资质证书。

第七十条 违反本法规定，涉及建筑主体或者承重结构变动的装修工程擅自施工的，责令改正，处以罚款；造成损失的，承担赔偿责任；构成犯罪的，依法追究刑事责任。

第七十一条 建筑施工企业违反本法规定，对建筑安全事故隐患不采取措施予以消除的，责令改正，可以处以罚款；情节严重的，责令停业整顿，降低资质等级或者吊销资质证书；构成犯罪的，依法追究刑事责任。

建筑施工企业的管理人员违章指挥、强令职工冒险作业，因而发生重大伤亡事故或者造成其他严重后果的，依法追究刑事责任。

第七十二条 建设单位违反本法规定，要求建筑设计单位或者建筑施工企业违反建筑工程质量、安全标准，降低工程质量的，责令改正，可以处以罚款；构成犯罪的，依法追究刑事责任。

第七十三条 建筑设计单位不按照建筑工程质量、安全标准进行设计的，责令改正，处以罚款；造成工程质量事故的，责令停业整顿，降低资质等级或者吊销资质证书，没收违法所得，并处罚款；造成损失的，承担赔偿责任；构成犯罪的，依法追究刑事责任。

第七十四条 建筑施工企业在施工中偷工减料的，使用不合格的建筑材料、建筑构配件和设备的，或者有其他不按照工程设计图纸或者施工技术标准施工的行为的，责令改正，处以罚款；情节严重的，责令停业整顿，降低资质等级或者吊销资质证书；造成建筑工程质量不符合规定的质量标准的，负责返工、修理，并赔偿因此造成的损失；构成犯罪的，依法追究刑事责任。

第七十五条 建筑施工企业违反本法规定，不履行保修义务或者拖延履行保修义务的，责令改正，可以处以罚款，并对在保修期内因屋顶、墙面渗漏、开裂等质量缺陷造成的损失，承担赔偿责任。

第七十六条 本法规定的责令停业整顿、降低资质等级和吊销资质证书的行政处罚，由颁发资质证书的机关决定；其他行政处罚，由建设行政主管部门或者有关部门依照法律和国务院规定的职权范围决定。

依照本法规定被吊销资质证书的，由工商行政管理部门吊销其营业执照。

第七十七条 违反本法规定，对不具备相应资质等级条件的单位颁发该等级资质证书的，由其上级机关责令收回所发的资质证书，对直接负责的主管人员和其他直接责任人员给予行政处分；构成犯罪的，依法追究刑事责任。

第七十八条 政府及其所属部门的工作人员违反本法规定，限定发包单位将招标发包的工程发包给指定的承包单位的，由上级机关责令改正；构成犯罪的，依法追究刑事责任。

第七十九条 负责颁发建筑工程施工许可证的部门及其工作人员对不符合施工条件的建筑工程颁发施工许可证的，负责工程质量监督检查或者竣工验收的部门及其工作人员对不合格的建筑工程出具质量合格文件或者按合格工程验收的，由上级机关责令改正，对责任人员给予行政处分；构成犯罪的，依法追究刑事责任；造成损失的，由该部门承担相应的赔偿责任。

第八十条 在建筑物的合理使用寿命内，因建筑工程质量不合格受到损害的，有权向责任者要求赔偿。

第八章 附 则

第八十一条 本法关于施工许可、建筑施工企业资质审查和建筑工程发包、承包、禁止转包，以及建筑工程监理、建筑工程安全和质量管理的规定，适用于其他专业建筑工程的建筑活动，具体办法由国务院规定。

第八十二条 建设行政主管部门和其他有关部门在对建筑活动实施监督管理中，除按照国务院有关规定收取费用外，不得收取其他费用。

第八十三条 省、自治区、直辖市人民政府确定的小型房屋建筑工程的建筑活动，参照本法执行。

依法核定作为文物保护的纪念建筑物和古建筑等的修缮，依照文物保护的有关法律规定执行。

抢险救灾及其他临时性房屋建筑和农民自建低层住宅的建筑活动，不适用本法。

第八十四条 军用房屋建筑工程建筑活动的具体管理办法，由国务院、中央军事委员会依据本法制定。

第八十五条 本法自 1998 年 3 月 1 日起施行。

中华人民共和国合同法

（1999 年 3 月 15 日中华人民共和国第九届全国人民代表大会第二次会议中华人民共和国主席令第 15 号通过，1999 年 3 月 15 日公布，自 1999 年 10 月 1 日起施行）

总　则

第一章　一般规定

第一条　为了保护合同当事人的合法权益，维护社会经济秩序，促进社会主义现代化建设，制定本法。

第二条　本法所称合同是平等主体的自然人、法人、其他组织之间设立、变更、终止民事权利义务关系的协议。婚姻、收养、监护等有关身份关系的协议，适用其他法律的规定。

第三条　合同当事人的法律地位平等，一方不得将自己的意志强加给另一方。

第四条　当事人依法享有自愿订立合同的权利，任何单位和个人不得非法干预。

第五条　当事人应当遵循公平原则确定各方的权利和义务。

第六条　当事人行使权利、履行义务应当遵循诚实信用原则。

第七条　当事人订立、履行合同，应当遵守法律、行政法规，尊重社会公德，不得扰乱社会经济秩序，损害社会公共利益。

第八条　依法成立的合同，对当事人具有法律约束力。当事人应当按照约定履行自己的义务，不得擅自变更或者解除合同。依法成立的合同，受法律保护。

第二章　合同的订立

第九条　当事人订立合同，应当具有相应的民事权利能力和民事行为能力。当事人依法可以委托代理人订立合同。

第十条　当事人订立合同，有书面形式、口头形式和其他形式。法律、行政法规规定采用书面形式的，应当采用书面形式。当事人约定采用书面形式的，应当采用书面形式。

第十一条　书面形式是指合同书、信件和数据电文（包括电报、电传、传真、电子数据交换和电子邮件）等可以有形地表现所载内容的形式。

第十二条　合同的内容由当事人约定，一般包括以下条款：

（一）当事人的名称或者姓名和住所；

（二）标的；

（三）数量；

（四）质量；

（五）价款或者报酬；

（六）履行期限、地点和方式；

（七）违约责任；

（八）解决争议的方法。

当事人可以参照各类合同的示范文本订立合同。

第十三条　当事人订立合同，采取要约、承诺方式。

第十四条　要约是希望和他人订立合同的意思表示，该意思表示应当符合下列规定：

（一）内容具体确定；

（二）表明经受要约人承诺，要约人即受该意思表示约束。

第十五条　要约邀请是希望他人向自己发出要约的意思表示。寄送的价目表、拍卖公告、招标公告、招股说明书、商业广告等为要约邀请。商业广告的内容符合要约规定的，视为要约。

第十六条　要约到达受要约人时生效。采用数据电文形式订立合同，收件人指定特定系统接收数据电文的，该数据电文进入该特定系统的时间，视为到达时间；未指定特定系统的，该数据电文进入收件人的任何系统的首次时间，视为到达时间。

第十七条　要约可以撤回。撤回要约的通知应当在要约到达受要约人之前或者与要约同时到达受要约人。

第十八条　要约可以撤销。撤销要约的通知应当在受要约人发出承诺通知之前到达受要约人。

第十九条　有下列情形之一的，要约不得撤销：

（一）要约人确定了承诺期限或者以其他形式明示要约不可撤销；

（二）受要约人有理由认为要约是不可撤销的，并已经为履行合同作了准备工作。

第二十条　有下列情形之一的，要约失效：

（一）拒绝要约的通知到达要约人；

（二）要约人依法撤销要约；

（三）承诺期限届满，受要约人未作出承诺；

（四）受要约人对要约的内容作出实质性变更。

第二十一条　承诺是受要约人同意要约的意思表示。

第二十二条　承诺应当以通知的方式作出，但根据交易习惯或者要约表明可以通过行为作出承诺的除外。

第二十三条　承诺应当在要约确定的期限内到达要约人。要约没有确定承诺期限的，承诺应当依照下列规定到达：

（一）要约以对话方式作出的，应当即时作出承诺，但当事人另有约定的除外；

（二）要约以非对话方式作出的，承诺应当在合理期限内到达。

第二十四条　要约以信件或者电报作出的，承诺期限自信件载明的日期或者电报交发之日开始计算。信件未载明日期的，自投寄该信件的邮戳日期开始计算。要约以电话、传真等快速通讯方式作出的，承诺期限自要约到达受要约人时开始计算。

第二十五条　承诺生效时合同成立。

第二十六条　承诺通知到达要约人时生效。承诺不需要通知的，根据交易习惯或者要约的要求作出承诺的行为时生效。采用数据电文形式订立合同的，承诺到达的时间适用本法第十六条第二款的规定。

第二十七条　承诺可以撤回。撤回承诺的通知应当在承诺通知到达要约人之前或者与承诺通知同时到达要约人。

第二十八条　受要约人超过承诺期限发出承诺的，除要约人及时通知受要约人该承诺有效的以外，为新要约。

第二十九条　受要约人在承诺期限内发出承诺，按照通常情形能够及时到达要约人，但因其他原因承诺到达要约人时超过承诺期限的，除要约人及时通知受要约人因承诺超过期限不接受该承诺的以外，该承诺有效。

第三十条　承诺的内容应当与要约的内容一致。受要约人对要约的内容作出实质性变更的，为新要约。有关合同标的、数量、质量、价款或者报酬、履行期限、履行地点和方式、违约责任和解决争议方法等的变更，是对要约内容的实质性变更。

第三十一条　承诺对要约的内容作出非实质性变更的，除要约人及时表示反对或者要约表明承诺不得对要约的内容作出任何变更的以外，该承诺有效，合同的内容以承诺的内容为准。

第三十二条　当事人采用合同书形式订立合同的，自双方当事人签字或者盖章时合同成立。

第三十三条　当事人采用信件、数据电文等形式订立合同的，可以在合同成立之前要求签订确认书。签订确认书时合同成立。

第三十四条　承诺生效的地点为合同成立的地点。采用数据电文形式订立合同的，收件人的主营业地为合同成立的地点；没有主营业地的，其经常居住地为合同成立的地点。当事人另有约定的，按照其约定。

第三十五条　当事人采用合同书形式订立合同的，双方当事人签字或者盖章的地点为合同成立的地点。

第三十六条　法律、行政法规规定或者当事人约定采用书面形式订立合同，当事人未采用书面形式但一方已经履行主要义务，对方接受的，该合同成立。

第三十七条　采用合同书形式订立合同，在签字或者盖章之前，当事人一方已经履行主要义务，对方接受的，该合同成立。

第三十八条　国家根据需要下达指令性任务或者国家订货任务的，有关法人、其他组织之间应当依照有关法律、行政法规规定的权利和义务订立合同。

第三十九条　采用格式条款订立合同的，提供格式条款的一方应当遵循公平原则确定当事人之间的权利和义务，并采取合理的方式提请对方注意免除或者限制其责任的条款，按照对方的要求，对该条款予以说明。格式条款是当事人为了重复使用而预先拟定，并在订立合同时未与对方协商的条款。

第四十条　格式条款具有本法第五十二条和第五十三条规定情形的，或者提供格式条款一方免除其责任、加重对方责任、排除对方主要权利，该条款无效。

第四十一条　对格式条款的理解发生争议的，应当按照通常理解予以解释。对格式条款有两种以上解释的，应当作出不利于提供格式条款一方的解释。格式条款和非格式条款不一致的，应当采用非格式条款。

第四十二条　当事人在订立合同过程中有下列情形之一，给对方造成损失的，应当承担损害赔偿责任：

（一）假借订立合同，恶意进行磋商；

（二）故意隐瞒与订立合同有关的重要事实或者提供虚假情况；

（三）有其他违背诚实信用原则的行为。

第四十三条　当事人在订立合同过程中知悉的商业秘密，无论合同是否成立，不得泄露或者不正当地使用。泄露或者不正当地使用该商业秘密给对方造成损失的，应当承担损害赔偿责任。

第三章　合同的效力

第四十四条　依法成立的合同，自成立时生效。法律、行政法规规定应当办理批准、登记等手续生效的，依照其规定。

第四十五条　当事人对合同的效力可以约定附条件。附生效条件的合同，自条件成就时生效。附解除条件的合同，自条件成就时失效。当事人为自己的利益不正当地阻止条件成就的，视为条件已成就；不正当地促成条件成就的，视为条件不成就。

第四十六条　当事人对合同的效力可以约定附期限。附生效期限的合同，自期限届至时生效。附终止期限的合同，自期限届满时失效。

第四十七条　限制民事行为能力人订立的合同，经法定代理人追认后，该合同有效，但纯获利益的合同或者与其年龄、智力、精神健康状况相适应而订立的合同，不必经法定代理人追认。相对人可以催告法定代理人在一个月内予以追认。法定代理人未作表示的，视为拒绝追认。合同被追认之前，善意相对人有撤销的权利。撤销应当以通知的方式作出。

第四十八条 行为人没有代理权、超越代理权或者代理权终止后以被代理人名义订立的合同，未经被代理人追认，对被代理人不发生效力，由于为人承担责任。相对人可以催告被代理人在一个月内予以追认。被代理人未作表示的，视为拒绝追认。合同被追认之前，善意相对人有撤销的权利。撤销应当以通知的方式作出。

第四十九条 行为人没有代理权、超越代理权或者代理权终止后以被代理人名义订立合同，相对人有理由相信行为人有代理权的，该代理行为有效。

第五十条 法人或者其他组织的法定代表人、负责人超越权限订立的合同，除相对人知道或者应当知道其超越权限的以外，该代表行为有效。

第五十一条 无处分权的人处分他人财产，经权利人追认或者无处分权的人订立合同后取得处分权的，该合同有效。

第五十二条 有下列情形之一的，合同无效：

（一）一方以欺诈、胁迫的手段订立合同，损害国家利益；

（二）恶意串通，损害国家、集体或者第三人利益；

（三）以合法形式掩盖非法目的；

（四）损害社会公共利益；

（五）违反法律、行政法规的强制性规定。

第五十三条 合同中的下列免责条款无效：

（一）造成对方人身伤害的；

（二）因故意或者重大过失造成对方财产损失的。

第五十四条 下列合同，当事人一方有权请求人民法院或者仲裁机构变更或者撤销：

（一）因重大误解订立的；

（二）在订立合同时显失公平的。

一方以欺诈、胁迫的手段或者乘人之危，使对方在违背真实意思的情况下订立的合同，受损害方有权请求人民法院或者仲裁机构变更或者撤销。当事人请求变更的，人民法院或者仲裁机构不得撤销。

第五十五条 有下列情形之一的，撤销权消灭：

（一）具有撤销权的当事人自知道或者应当知道撤销事由之日起一年内没有行使撤销权；

（二）具有撤销权的当事人知道撤销事由后明确表示或者以自己的行为放弃撤销权。

第五十六条 无效的合同或者被撤销的合同自始没有法律约束力。合同部分无效，不影响其他部分效力的，其他部分仍然有效。

第五十七条 合同无效、被撤销或者终止的，不影响合同中独立存在的有关解决争议方法的条款的效力。

第五十八条 合同无效或者被撤销后，因该合同取得的财产，应当予以返还；不能返还或者没有必要返还的，应当折价补偿。有过错的一方应当赔偿对方因此所受到的损失，双方都有过错的，应当各自承担相应的责任。

第五十九条 当事人恶意串通，损害国家、集体或者第三人利益的，因此取得的财产收归国家所有或者返还集体、第三人。

第四章 合同的履行

第六十条 当事人应当按照约定全面履行自己的义务。当事人应当遵循诚实信用原则，根据合同的性质、目的和交易习惯履行通知、协助、保密等义务。

第六十一条 合同生效后，当事人就质量、价款或者报酬、履行地点等内容没有约定或者约定不明确的，可以协议补充；不能达成补充协议的，按照合同有关条款或者交易习惯确定。

第六十二条 当事人就有关合同内容约定不明确，依照本法第六十一条的规定仍不能确定的，适用下列规定：

（一）质量要求不明确的，按照国家标准、行业标准履行；没有国家标准、行业标准的，按照通常标准或者符合合同目的的特定标准履行。

（二）价款或者报酬不明确的，按照订立合同时履行地的市场价格履行；依法应当执行政府定价或者政府指导价的，按照规定履行。

（三）履行地点不明确，给付货币的，在接受货币一方所在地履行；交付不动产的，在不动产所在地履行；其他标的，在履行义务一方所在地履行。

（四）履行期限不明确的，债务人可以随时履行，债权人也可以随时要求履行，但应当给对方必要的准备时间。

（五）履行方式不明确的，按照有利于实现合同目的的方式履行。

（六）履行费用的负担不明确的，由履行义务一方负担。

第六十三条 执行政府定价或者政府指导价的，在合同约定的交付期限内政府价格调整时，按照交付时的价格计价。逾期交付标的物的，遇价格上涨时，按照原价格执行；价格下降时，按照新价格执行。逾期提取标的物或者逾期付款的，遇价格上涨时，按照新价格执行；价格下降时，按照原价格执行。

第六十四条 当事人约定由债务人向第三人履行债务的，债务人未向第三人履行债务或者履行债务不符合约定，应当向债权人承担违约责任。

第六十五条 当事人约定由第三人向债权人履行债务的，第三人不履行债务或者履行债务不符合约定，债务人应当向债权人承担违约责任。

第六十六条 当事人互负债务，没有先后履行顺序的，应当同时履行。一方在对方履行之前有权拒绝其履行要求。一方在对方履行债务不符合约定时，有权拒绝其相应的履行要求。

第六十七条 当事人互负债务，有先后履行顺序，先履行一方未履行的，后履行一方有权拒绝履行要求。先履行一方履行债务不符合约定的，后履行一方有权拒绝其相应的履行要求。

第六十八条 应当先履行债务的当事人，有确切证据证明对方有下列情形之一的，可以中止履行：

（一）经营状况严重恶化；

（二）转移财产、抽逃资金，以逃避债务；

（三）丧失商业信誉；

（四）有丧失或者可能丧失履行债务能力的其他情形。

当事人没有确切证据中止履行的，应当承担违约责任。

第六十九条 当事人依照本法第六十八条的规定中止履行的，应当及时通知对方。对方提供适当担保时，应当恢复履行。中止履行后，对方在合理期限内未恢复履行能力并且未提供适当担保的，中止履行的一方可以解除合同。

第七十条 债权人分立、合并或者变更住所没有通知债务人，致使履行债务发生困难的，债务人可以中止履行或者将标的物提存。

第七十一条 债权人可以拒绝债务人提前履行债务，但提前履行不损害债权人利益的除外。债务人提前履行债务给债权人增加的费用，由债务人负担。

第七十二条 债权人可以拒绝债务人部分履行债务，但部分履行不损害债权人利益的除外。债务人部分履行债务给债权人增加的费用，由债务人负担。

第七十三条 因债务人怠于行使其到期债权，对债权人造成损害的，债权人可以向人民法院请求以自己的名义代位行使债务人的债权，但该债权专属于债务人自身的除外。代位权的行使范围以债权人的债权为限。债权人行使代位权的必要费用，由债务人负担。

第七十四条 因债务人放弃其到期债权或者无偿转让财产，对债权人造成损害的，债权人可以请求人民法院撤销债务人的行为。债务人以明显不合理的低价转让财产，对债权人造成损害，并且受让人知道该情形的，债权人也可以请求人民法院撤销债务人的行为。撤销权的行使范围以债权人的债权为限。债权人行使撤销权的必要费用，由债务人负担。

第七十五条 撤销权自债权人知道或者应当知道撤销事由之日起一年内行使。自债务人的行为发生之日起五年内没有行使撤销权的，该撤销权消灭。

第七十六条 合同生效后，当事人不得因姓名、名称的变更或者法定代表人、负责人、承办人的变动而不履行合同义务。

第五章　合同的变更和转让

第七十七条 当事人协商一致，可以变更合同。法律、行政法规规定变更合同应当办理批准、登记等手续的，依照其规定。

第七十八条 当事人对合同变更的内容约定不明确的，推定为未变更。

第七十九条 债权人可以将合同的权利全部或者部分转让给第三人，但有下列情形之一的除外：

（一）根据合同性质不得转让；

（二）按照当事人约定不得转让；

（三）依照法律规定不得转让。

第八十条 债权人转让权利的，应当通知债务人。未经通知，该转让对债务人不发生效力。债权人转让权利的通知不得撤销，但经受让人同意的除外。

第八十一条 债权人转让权利的，受让人取得与债权有关的从权利，但该从权利专属于债权人自身的除外。

第八十二条 债务人接到债权转让通知后，债务人对让与人的抗辩，可以向受让人主张。

第八十三条 债务人接到债权转让通知时，债务人对让与人享有债权，并且债务人的债权先于转让的债权到期或者同时到期的，债务人可以向受让人主张抵销。

第八十四条 债务人将合同的义务全部或者部分转移给第三人的，应当经债权人同意。

第八十五条 债务人转移义务的，新债务人可以主张原债务人对债权人的抗辩。

第八十六条 债务人转移义务的，新债务人应当承担与主债务有关的从债务，但该从债务专属于原债务人自身的除外。

第八十七条 法律、行政法规规定转让权利或者转移义务应当办理批准、登记等手续的，依照其规定。

第八十八条 当事人一方经对方同意，可以将自己在合同中的权利和义务一并转让给第三人。

第八十九条 权利和义务一并转让的，适用本法第七十九条、第八十一条至第八十三条、第八十五条至第八十七条的规定。

第九十条 当事人订立合同后合并的，由合并后的法人或者其他组织行使合同权利，履行合同义务。当事人订立合同后分立的，除债权人和债务人另有约定的以外，由分立的法人或者其他组织对合同的权利和义务享有连带债权，承担连带债务。

第六章　合同的权利义务终止

第九十一条 有下列情形之一的，合同的权利义务终止：

（一）债务已经按照约定履行；

（二）合同解除；

（三）债务相互抵销；

（四）债务人依法将标的物提存；

（五）债权人免除债务；

（六）债权债务同归于一人；

（七）法律规定或者当事人约定终止的其他情形。

第九十二条　合同的权利义务终止后，当事人应当遵循诚实信用原则，根据交易习惯履行通知、协助、保密等义务。

第九十三条　当事人协商一致，可以解除合同。当事人可以约定一方解除合同的条件。解除合同的条件成就时，解除权人可以解除合同。

第九十四条　有下列情形之一的，当事人可以解除合同：

（一）因不可抗力致使不能实现合同目的；

（二）在履行期限届满之前，当事人一方明确表示或者以自己的行为表明不履行主要债务；

（三）当事人一方迟延履行主要债务，经催告后在合理期限内仍未履行；

（四）当事人一方迟延履行债务或者有其他违约行为致使不能实现合同目的；

（五）法律规定的其他情形。

第九十五条　法律规定或者当事人约定解除权行使期限，期限届满当事人不行使的，该权利消灭。法律没有规定或者当事人没有约定解除权行使期限，经对方催告后在合理期限内不行使的，该权利消灭。

第九十六条　当事人一方依照本法第九十三条第二款、第九十四条的规定主张解除合同的，应当通知对方。合同自通知到达对方时解除。对方有异议的，可以请求人民法院或者仲裁机构确认解除合同的效力。法律、行政法规规定解除合同应当办理批准、登记等手续的，依照其规定。

第九十七条　合同解除后，尚未履行的，终止履行；已经履行的，根据履行情况和合同性质，当事人可以要求恢复原状、采取其他补救措施，并有权要求赔偿损失。

第九十八条　合同的权利义务终止，不影响合同中结算和清理条款的效力。

第九十九条　当事人互负到期债务，该债务的标的物种类、品质相同的，任何一方可以将自己的债务与对方的债务抵销，但依照法律规定或者按照合同性质不得抵销的除外。当事人主张抵销的，应当通知对方。通知自到达对方时生效。抵销不得附条件或者附期限。

第一百条　当事人互负债务，标的物种类、品质不相同的，经双方协商一致，也可以抵销。

第一百零一条　有下列情形之一，难以履行债务的，债务人可以将标的物提存：

（一）债权人无正当理由拒绝受领；

（二）债权人下落不明；

（三）债权人死亡未确定继承人或者丧失民事行为能力未确定监护人；

（四）法律规定的其他情形。

标的物不适于提存或者提存费用过高的，债务人依法可以拍卖或者变卖标的物，提存所得的价款。

第一百零二条　标的物提存后，除债权人下落不明的以外，债务人应当及时通知债权人或者债权人的继承人、监护人。

第一百零三条　标的物提存后，毁损、灭失的风险由债权人承担。提存期间，标的物的孳息归债权人所有。提存费用由债权人负担。

第一百零四条　债权人可以随时领取提存物，但债权人对债务人负有到期债务的，在债权人未履行债务或者提供担保之前，提存部门根据债务人的要求应当拒绝其领取提存物。债权人领取提存物的权利，自提存之日起五年内不行使而消灭，提存物扣除提存费用后归国家所有。

第一百零五条　债权人免除债务人部分或者全部债务的，合同的权利义务部分或者全部终止。

第一百零六条　债权和债务同归于一人的，合同的权利义务终止，但涉及第三人利益的除外。

第七章　违约责任

第一百零七条　当事人一方不履行合同义务或者履行合同义务不符合约定的，应当承担继续履行、采取补救措施或者赔偿损失等违约责任。

第一百零八条　当事人一方明确表示或者以自己的行为表明不履行合同义务的，对方可以在履行期限届满之前要求其承担违约责任。

第一百零九条　当事人一方未支付价款或者报酬的，对方可以要求其支付价款或者报酬。

第一百一十条　当事人一方不履行非金钱债务或者履行非金钱债务不符合约定的，对方可以要求履行，但有下列情形之一的除外：

（一）法律上或者事实上不能履行；

（二）债务的标的不适于强制履行或者履行费用过高；

（三）债权人在合理期限内未要求履行。

第一百一十一条　质量不符合约定的，应当按照当事人的约定承担违约责任。对违约责任没有约定或者约定不明确，依照本法第六十一条的规定仍不能确定的，受损害方根据标的的性质以及损失的大小，可以合理选择要求对方承担修理、更换、重作、退货、减少价款或者报酬等违约责任。

第一百一十二条　当事人一方不履行合同义务或者履行合同义务不符合约定的，在履行义务或者采取补救措施后，对方还有其他损失的，应当赔偿损失。

第一百一十三条　当事人一方不履行合同义务或者履行合同义务不符合约定，给对方造成损失的，损失额应当相当于因违约所造成的损失，包括合同履行后可以获得的利益，但不得超过违反合同一方订立合同时预见或者应当预见到的因违反合同可能造成的损失。经营者对消费者提供商品或者服务有欺诈行为的，依照《中华人民共和国消费者权益保护法》的规定承担损害赔偿责任。

第一百一十四条　当事人可以约定一方违约时应当根据违约情况向对方支付一定数额的违约金，也可以约定因违约产生的损失赔偿额的计算方法。约定的违约金低于造成的损失的，当事人可以请求人民法院或者仲裁机构予以增加；约定的违约金过分高于造成的损失的，当事人可以请求人民法院或者仲裁机构予以适当减少。当事人就迟延履行约定违约金的，违约方支付违约金后，还应当履行债务。

第一百一十五条　当事人可以依照《中华人民共和国担保法》约定一方向对方给付定金作为债权的担保。债务人履行债务后，定金应当抵作价款或者收回。给付定金的一方不履行约定的债务的，无权要求返还定金；收受定金的一方不履行约定的债务的，应当双倍返还定金。

第一百一十六条　当事人既约定违约金，又约定定金的，一方违约时，对方可以选择适用违约金或者定金条款。

第一百一十七条　因不可抗力不能履行合同的，根据不可抗力的影响，部分或者全部免除责任，但法律另有规定的除外。当事人迟延履行后发生不可抗力的，不能免除责任。本法所称不可抗力，是指不能预见、不能避免并不能克服的客观情况。

第一百一十八条　当事人一方因不可抗力不能履行合同的，应当及时通知对方，以减轻可能给对方造成的损失，并应当在合理期限内提供证据。

第一百一十九条　当事人一方违约后，对方应当采取适当措施防止损失的扩大；没有采取适当措施致使损失扩大的，不得就扩大的损失要求赔偿。当事人因防止损失扩大而支出的合理费用，由违约方承担。

第一百二十条　当事人双方都违反合同的，应当各自承担相应的责任。

第一百二十一条　当事人一方因第三人的原因造成违约的，应当向对方承担违约责任。当事人一方和第三人之间的纠纷，依照法律规定或者按照约定解决。

第一百二十二条　因当事人一方的违约行为，分割对方人身、财产权益的，受损害方有权选择依照本法要求其承担违约责任或者依照其他法律要求其承担侵权责任。

第八章　其他规定

第一百二十三条　其他法律对合同另有规定的，依照其规定。

第一百二十四条　本法分则或者其他法律没有明文规定的合同，适用本法总则的规定，并可以参照本法分则或者其他法律最相类似的规定。

第一百二十五条 当事人对合同条款的理解有争议的，应当按照合同所使用的词句、合同的有关条款、合同的目的、交易习惯以及诚实信用原则，确定条款的真实意思。合同文本采用两种以上文字订立并约定具有同等效力的，对各文本使用的词句推定具有相同含义。各文本使用的词句不一致的，应当根据合同的目的予以解释。

第一百二十六条 涉外合同的当事人可以选择处理合同争议所适用的法律，但法律另有规定的除外。涉外合同的当事人没有选择的，适用与合同有最密切联系的国家的法律。在中华人民共和国境内履行的中外合资经营企业合同、中外合作经营企业合同、中外合作勘探开发自然资源合同，适用中华人民共和国法律。

第一百二十七条 工商行政管理部门和其他有关行政主管部门在各自的职权范围内，依照法律、行政法规的规定，对利用合同危害国家利益、社会公共利益的违法行为，负责监督处理；构成犯罪的，依法追究刑事责任。

第一百二十八条 当事人可以通过和解或者调解解决合同争议。当事人不愿和解、调解或者和解、调解不成的，可以根据仲裁协议向仲裁机构申请仲裁。涉外合同的当事人可以根据仲裁协议向中国仲裁机构或者其他仲裁机构申请仲裁。当事人没有订立仲裁协议或者仲裁协议无效的，可以向人民法院起诉。当事人应当履行发生法律效力的判决、仲裁裁决、调解书；拒不履行的，对方可以请求人民法院执行。

第一百二十九条 因国际货物买卖合同和技术进出口合同争议提起诉讼或者申请仲裁的期限为四年，自当事人知道或者应当知道其权利受到分割之日起计算。因其他合同争议提起诉讼或者申诉仲裁的期限，依照有关法律的规定。

分　则

第九章　买卖合同

第一百三十条 买卖合同是出卖人转移标的物的所有权于买受人，买受人支付价款的合同。

第一百三十一条 买卖合同的内容除依照本法第十二条的规定以外，还可以包括包装方式、检验标准和方法、结算方式、合同使用的文字及其效力等条款。

第一百三十二条 出卖的标的物，应当属于出卖人所有或者出卖人有权处分。法律、行政法规禁止或者限制转让的标的物，依照其规定。

第一百三十三条 标的物的所有权自标的物交付时起转移，但法律另有规定或者当事人另有约定的除外。

第一百三十四条 当事人可以在买卖合同中约定买受人未履行支付价款或者其他义务的，标的物的所有权属于出卖人。

第一百三十五条 出卖人应当履行向买受人交付标的物或者交付提取标的物的单证，并转移标的物所有权的义务。

第一百三十六条 出卖人应当按照约定或者交易习惯向买受人交付提取标的物单证以外的有关单证和资料。

第一百三十七条 出卖具有知识产权的计算机软件等标的物的，除法律另有规定或者当事人另有约定的以外，该标的物的知识产权不属于买受人。

第一百三十八条 出卖人应当按照约定的期限交付标的物。约定交付期间的，出卖人可以在该交付期间内的任何时间交付。

第一百三十九条 当事人没有约定标的物的交付期限或者约定不明确的，适用本法第六十一条、第六十二条第四项的规定。

第一百四十条 标的物在订立合同之前已为买受人占有的，合同生效的时间为交付时间。

第一百四十一条 出卖人应当按照约定的地点交付标的物。当事人没有约定交付地点或者约定不明确，依照本法第六十一条的规定仍不能确定的，适用下列规定：

（一）标的物需要运输的，出卖人应当将标的物交付给第一承运人以运交给买受人；

（二）标的物不需要运输，出卖人和买受人订立合同时知道标的物在某一地点的，出卖人应当在该地点交付标的物；不知道标的物在某一点的，应当在出卖人订立合同时的营业地交付标的物。

第一百四十二条 标的物毁损、灭失的风险，在标的物交付之前由出卖人承担，交付之后由买受人承担，但法律另有规定或者当事人另有约定的除外。

第一百四十三条 因买受人的原因致使标的物不能按照约定的期限交付的，买受人应当自违反约定之日起承担标的物毁损、灭失的风险。

第一百四十四条 出卖人出卖交由承运人运输的在途标的物，除当事人另有约定的以外，毁损、灭失的风险自合同成立时起由买受人承担。

第一百四十五条 当事人没有约定交付地点或者约定不明确，依照本法第一百四十一条第二款第一项的规定标的物需要运输的，出卖人将标的物交付给第一承运人后，标的物毁损、灭失的风险由买受人承担。

第一百四十六条 出卖人按照约定或者依照本法第一百四十一条第二款第二项的规定将标的物置于交付地点，买受人违反约定没有收取的，标的物毁损、灭失的风险自违反约定之日起由买受人承担。

第一百四十七条 出卖人按照约定未交付有关标的物的单证和资料的，不影响标的物毁损、灭失风险的转移。

第一百四十八条 因标的物质量不符合质量要求，致使不能实现合同目的的，买受人可以拒绝接受标的物或者解除合同。买受人拒绝接受标的物或者解除合同的，标的物毁损、灭失的风险由出卖人承担。

第一百四十九条 标的物毁损、灭失的风险由买受人承担的，不影响因出卖人履行债务不符合约定，买受人要求其承担违约责任的权利。

第一百五十条 出卖人就交付的标的物，负有保证第三人不得向买受人主张任何权利的义务，但法律另有规定的除外。

第一百五十一条 买受人订立合同时知道或者应当知道第三人对买卖的标的物享有权利的，出卖人不承担本法第一百五十条规定的义务。

第一百五十二条 买受人有确切证据证明第三人可能就标的物主张权利的，可以中止支付相应的价款，但出卖人提供适当担保的除外。

第一百五十三条 出卖人应当按照约定的质量要求交付标的物。出卖人提供有关标的物质量说明的，交付的标的物应当符合该说明的质量要求。

第一百五十四条 当事人对标的物的质量要求没有约定或者约定不明确，依照本法第六十一条的规定仍不能确定的，适用本法第六十二条第一项的规定。

第一百五十五条 出卖人交付的标的物不符合质量要求的，买受人可以依照本法第一百一十一条的规定要求承担违约责任。

第一百五十六条 出卖人应当按照约定的包装方式交付标的物。对包装方式没有约定或者约定不明确，依照本法第六十一条的规定仍不能确定的，应当按照通用的方式包装，没有通用方式的，应当采取足以保护标的物的包装方式。

第一百五十七条 买受人收到标的物时应当在约定的检验期间内检验。没有约定检验期间的，应当及时检验。

第一百五十八条 当事人约定检验期间的，买受人应当在检验期间内将标的物的数量或者质量不符合约定的情形通知出卖人。买受人怠于通知的，视为标的物的数量或者质量符合约定。当事人没有约定检验期间的，买受人应当在发现或者应当发现标的物的数量或者质量不符合约定的合理期间内通知出卖人。买受人在合理期间内未通知或者自标的物收到之日起两年内未通知出卖人的，视为标的物的数量或者质量符合约定，但对标的物有质量保证期的，适用质量保证期，不适用该两年的规定。出卖人知道或者应当知道提供的标的物不符合约定的，买受人不受前两款规定的通知时间的限制。

第一百五十九条　买受人应当按照约定的数额支付价款。对价款没有约定或者约定不明确的，适用本法第六十一条、第六十二条第二项的规定。

第一百六十条　买受人应当按照约定的地点支付价款。对支付地点没有约定或者约定不明确，依照本法第六十一条的规定仍不能确定的，买受人应当在出卖人的营业地支付，但约定支付价款以交付标的物或者交付提取标的物单证为条件的，在交付标的物或者交付提取标的物单证的所在地支付。

第一百六十一条　买受人应当按照约定的时间支付价款。对支付时间没有约定或者约定不明确，依照本法第六十一条的规定仍不能确定的，买受人应当在收到标的物或者提取标的物单证的同时支付。

第一百六十二条　出卖人多交标的物的，买受人可以接收或者拒绝接收多交的部分。买受人接收多交部分的，按照合同的价格支付价款；买受人拒绝接收多交部分的，应当及时通知出卖人。

第一百六十三条　标的物在交付之前产生的孳息，归出卖人所有，交付之后产生的孳息，归买受人所有。

第一百六十四条　因标的物的主物不符合约定而解除合同的，解除合同的效力及于从物。因标的物的从物不符合约定被解除的，解除的效力不及于主物。

第一百六十五条　标的物为数物，其中一物不符合约定的，买受人可以就该物解除，但该物与他物分离使标的物的价值显受损害的，当事人可以就数物解除合同。

第一百六十六条　出卖人分批交付标的物的，出卖人对其中一批标的物不交付或者交付不符合约定，致使该批标的物不能实现合同目的的，买受人可以就该批标的物解除。出卖人不交付其中一批标的物或者交付不符合约定，致使今后其他各批标的物的交付不能实现合同目的的，买受人可以就该批以及今后其他各批标的物解除。买受人如果就其中一批标的物解除，该批标的物与其他各批标的物相互依存的，可以就已经交付和未交付的各批标的物解除。

第一百六十七条　分期付款的买受人未支付到期价款的金额达到全部价款的五分之一的，出卖人可以要求买受人支付全部价款或者解除合同。出卖人解除合同的，可以向买受人要求支付该标的物的使用费。

第一百六十八条　凭样品买卖的当事人应当封存样品，并可以对样品质量予以说明。出卖人交付的标的物应当与样品及其说明的质量相同。

第一百六十九条　凭样品买卖的买受人不知道样品有隐蔽瑕疵的，即使交付的标的物与样品相同，出卖人交付的标的物的质量仍然应当符合同种物的通常标准。

第一百七十条　试用买卖的当事人可以约定标的物的试用期间。对试用期间没有约定或者约定不明确，依照本法第六十一条的规定仍不能确定的，由出卖人确定。

第一百七十一条　试用买卖的买受人在试用期内可以购买标的物，也可以拒绝购买。试用期间届满，买受人对是否购买标的物未作表示的，视为购买。

第一百七十二条　招标投标买卖的当事人的权利和义务以及招标投标程序等，依照有关法律、行政法规的规定。

第一百七十三条　拍卖的当事人的权利和义务以及拍卖程序等，依照有关法律、行政法规的规定。

第一百七十四条　法律对其他有偿合同有规定的，依照其规定；没有规定的，参照买卖合同的有关规定。

第一百七十五条　当事人约定易货交易，转移标的物的所有权的，参照买卖合同的有关规定。

第十章　供用电、水、气、热合同

第一百七十六条　供用电合同是供电人向用电人供电，用电人支付电费的合同。

第一百七十七条　供用电合同的内容包括供电的方式、质量、时间，用电容量、地址、性质，计量方式，电价、电费的结算方式，供用电设施的维护责任等条款。

第一百七十八条 供用电合同的履行地点，按照当事人约定；当事人没有约定或者约定不明确的，供电设施的产权分界处为履行地点。

第一百七十九条 供电人应当按照国家规定的供电质量标准和约定安全供电。供电人未按照国家规定的供电质量标准和约定安全供电，造成用电人损失的，应当承担损害赔偿责任。

第一百八十条 供电人因供电设施计划检修、临时检修、依法限电或者用电人用电等原因，需要中断供电时，应当按照国家有关规定事先通知用电人。未事先通知用电人中断供电，造成用电人损失的，应当承担损害赔偿责任。

第一百八十一条 因自然灾害等原因断电，供电人应当按照国家有关规定及时抢修。未及时抢修，造成用电人损失的，应当承担损害赔偿责任。

第一百八十二条 用电人应当按照国家有关规定和当事人的约定及时交付电费。用电人逾期不交付电费的，应当按照约定支付违约金。经催告用电人在合理期限内仍不交付电费和违约金的，供电人可以按照国家规定的程序中止供电。

第一百八十三条 用电人应当按照国家有关规定和当事人的约定安全用电。用电人未按照国家有关规定和当事人的约定安全用电，造成供电人损失的，应当承担损害赔偿责任。

第一百八十四条 供用水、供用气、供用热力合同，参照供用电合同的有关规定。

第十一章　赠与合同

第一百八十五条 赠与合同是赠与人将自己的财产无偿给予受赠人，受赠人表示接受赠与的合同。

第一百八十六条 赠与人在赠与财产的权利转移之间可撤销赠与。具有救灾、扶贫等社会公益、道德义务性质的赠与合同或者经过公证的赠与合同，不适用前款规定。

第一百八十七条 赠与的财产依法需要办理登记等手续的，应当办理有关手续。

第一百八十八条 具有救灾、扶贫等社会公益、道德义务性质的赠与合同或者经过公证的赠与合同，赠与人不交付赠与的财产的，受赠人可以要求交付。

第一百八十九条 因赠与人故意或者重大过失致使赠与的财产毁损、灭失的，赠与人应当承担损害赔偿责任。

第一百九十条 赠与可以附义务。赠与附义务的，受赠人应当按照约定履行义务。

第一百九十一条 赠与的财产有瑕疵的，赠与人不承担责任。附义务的赠与，赠与的财产有瑕疵的，赠与人在附义务的限度内承担与出卖人相同的责任。赠与人故意不告知瑕疵或者保证无瑕疵，造成受赠人损失的，应当承担损害赔偿责任。

第一百九十二条 受赠人有下列情形之一的，赠与人可以撤销赠与：

（一）严重侵害赠与人或者赠与人的近亲属；

（二）对赠与人有扶养义务而不履行；

（三）不履行赠与合同约定的义务。

赠与的撤销权，自知道或者应当知道撤销原因之一起一年内行使。

第一百九十三条 因受赠人的违法行为致使赠与人残废或者丧失民事行为能力的，赠与人的继承人或者法定代理人可以撤销赠与。赠与人的继承人或者法定代理人的撤销权，自知道或者应当知道撤销原因之日起六个月内行使。

第一百九十四条 撤销权人撤销赠与的，可以向受赠人要求返还赠与的财产。

第一百九十五条 赠与人的经济状况显著恶化，严重影响其生产经营或者家庭生活的，可以不再履行赠与义务。

第十二章　借款合同

第一百九十六条 借款合同是借款人向贷款人借款，到期返还借款并支付利息的合同。

第一百九十七条　借款合同采用书面形式，但自然人之间借款另有约定的除外。借款合同的内容包括借款种类、币种、用途、数额、利率、期限和还款方式等条款。

第一百九十八条　订立借款合同，贷款人可以要求借款人提供担保。担保依照《中华人民共和国担保法》的规定。

第一百九十九条　订立借款合同，借款人应当按照贷款人的要求提供与借款有关的业务活动和财务状况的真实情况。

第二百条　借款的利息不得预先在本金中扣除。利息预先在本金中扣除的，应当按照实际借款数额返还借款并计算利息。

第二百零一条　贷款人未按照约定的日期、数额提供借款、造成借款人损失的，应当赔偿损失。

第二百零二条　贷款人按照约定可以检查、监督借款的使用情况。借款人应当按照约定向贷款人定期提供有关财务会计报表等资料。

第二百零三条　借款人未按照约定的借款用途使用借款的，贷款人可以停止发放借款、提前收回借款或者解除合同。

第二百零四条　办理贷款业务的金融机构贷款的利率，应当按照中国人民银行规定的贷款利率的上下限确定。

第二百零五条　借款人应当按照约定的期限支付利息。对支付利息的期限没有约定或者约定不明确，依照本法第六十一条的规定仍不能确定，借款期间不满一年的，应当在返还借款时一并支付；借款期间一年以上的，应当在每届满一年时支付，剩余期间不满一年的，应当在返还借款时一并支付。

第二百零六条　借款人应当按照约定的期限返还借款。对借款期限没有约定或者约定不明确，依照本法第六十一条的规定仍不能确定的，借款人可以随时返还；贷款人可以催告借款人在合理期限内返还。

第二百零七条　借款人未按照约定的期限返还借款的，应当按照约定或者国家有关规定支付逾期利息。

第二百零八条　借款人提前偿还借款的，除当事人另有约定的以外，应当按照实际借款的期间计算利息。

第二百零九条　借款人可以在还款期限届满之前向贷款人申请展期。贷款人同意的，可以展期。

第二百一十条　自然人之间的借款合同，自贷款人提供借款时生效。

第二百一十一条　自然人之间的借款合同对支付利息没有约定或者约定不明确的，视为不支付利息。自然人之间的借款合同约定支付利息的，借款的利息不得违反国家有关限制借款利率的规定。

第十三章　租赁合同

第二百一十二条　租赁合同是出租人将租赁物交付承租人使用、收益，承租人支付租金合同。

第二百一十三条　租赁合同的内容包括租赁物的名称、数量、用途、租赁期限、租金及其支付期限和方式、租赁物维修等条款。

第二百一十四条　租赁期限不得超过二十年。超过二十年的，超过部分无效。租赁期间届满，当事人可以续订租赁合同，但约定的租赁期限自续订之日起不得超过二十年。

第二百一十五条　租赁期限六个月以上的，应当采用书面形式。当事人未采用书面形式的，视为不定期租赁。

第二百一十六条　出租人应当按照约定将租赁物交付承租人，并在租赁期间保持租赁物符合约定的用途。

第二百一十七条　承租人应当按照约定的方法使用租赁物。对租赁物的使用方法没有约定或者约定不明确，依照本法第六十一条的规定仍不能确定的，应当按照租赁物的性质使用。

第二百一十八条　承租人按照约定的方法或者租赁物的性质使用租赁物，致使租赁物受到损耗的，不承担损害赔偿损失。

第二百一十九条 承租人未按照约定的方法或者租赁物的性质使用租赁物，致使租赁物受到损失的，出租人可以解除合同并要求赔偿损失。

第二百二十条 出租人应当履行租赁物的维修义务，但当事人另有约定的除外。

第二百二十一条 承租人在租赁物需要维修时可以要求出租人在合理期限内维修。出租人未履行维修义务的，承租人可以自行维修，维修费用由出租人负担。因维修租赁物影响承租人使用的，应当相应减少租金或者延长租期。

第二百二十二条 承租人应当妥善保管租赁物，因保管不善造成租赁物毁损、灭失的，应当承担损害赔偿责任。

第二百二十三条 承租人经出租人同意，可以对租赁物进行改善或者增设他物。承租人未经出租人同意，对租赁物进行改善或者增设他物的，出租人可以要求承租人恢复原状或者赔偿损失。

第二百二十四条 承租人经出租人同意，可以将租赁物转租给第三人。承租人转租的，承租人与出租人之间的租赁合同继续有效，第三人对租赁物造成损失的，承租人应当赔偿损失。

第二百二十五条 在租赁期间因占有、使用租赁物获得的收益，归承租人所有，但当事人另有约定的除外。

第二百二十六条 承租人应当按照约定的期限支付租金。对支付期限没有约定或者约定不明确，依照本法第六十一条的规定仍不能确定，租赁期间不满一年的，应当在租赁期间届满时支付；租赁期间一年以上的，应当在每届满一年时支付，剩余期间不满一年的，应当在租赁期间届满时支付。

第二百二十七条 承租人无正当理由未支付或者迟延支付租金的，出租人可以要求承租人在合理期限内支付。承租人逾期不支付的，出租人可以解除合同。

第二百二十八条 因第三人主张权利，致使承租人不能对租赁物使用、收益的，承租人可以要求减少租金或者不支付租金。第三人主张权利，承租人应当及时通知出租人。

第二百二十九条 租赁物在租赁期间发生所有权变动的，不影响租赁合同的效力。

第二百三十条 出租人出卖租赁房屋的，应当在出卖之前的合理期限内通知承租人，承租人享有以同等条件优先购买的权利。

第二百三十一条 因不可归责于承租人的事由，致使租赁物部分或者全部毁损、灭失的，承租人可以要求减少租金或者不支付租金；因租赁物部分或者全部毁损、灭失，致使不能实现合同目的的，承租人可以解除合同。

第二百三十二条 当事人对租赁期限没有约定或者约定不明确，依照本法第六十一条的规定仍不能确定的，视为不定期租赁。当事人可以随时解除合同，但出租人解除合同应当在合理期限之前通知承租人。

第二百三十三条 租赁物危及承租人的安全或者健康的，即使承租人订立合同时明知该租赁物质量不合格，承租人仍然可以随时解除合同。

第二百三十四条 承租人在房屋租赁期间死亡的，与其生前共同居住的人可以按照原租赁合同租赁该房屋。

第二百三十五条 租赁期间届满，承租人应当返还租赁物。返还的租赁物应当符合按照约定或者租赁物的性质使用后的状态。

第二百三十六条 租赁期间届满，承租人继续使用租赁物，出租人没有提出异议的，原租赁合同继续有效，但租赁期限为不定期。

第十四章　融资租赁合同

第二百三十七条 融资租赁合同是出租人根据承租人对出卖人、租赁物的选择，向出卖人购买租赁物，提供给承租人使用，承租人支付租金的合同。

第二百三十八条 融资租赁合同的内容包括租赁物名称、数量、规格、技术性能、检验方法、租赁期限、租金构成及其支付期限和方式、币种、租赁期间届满租赁物的归属等条款。融资租赁合同应当采用书面形式。

第二百三十九条　出租人根据承租人对出卖人、租赁物的选择订立的买卖合同，出卖人应当按照约定向承租人交付标的物，承租人享有与受领标的物有关的买受人的权利。

第二百四十条　出租人、出卖人、承租人可以约定，出卖人不履行买卖合同义务的，由承租人行使索赔的权利。承租人行使索赔权利的，出租人应当协助。

第二百四十一条　出租人根据承租人对出卖人、租赁物的选择订立的买卖合同，未经承租人同意，出租人不得变更与承租人有关的合同内容。

第二百四十二条　出租人享有租赁物的所有权。承租人破产的，租赁物不属于破产财产。

第二百四十三条　融资租赁合同的租金，除当事人另有约定的以外，应当根据购买租赁物的大部分或者全部成本以及出租人的合理利润确定。

第二百四十四条　租赁物不符合约定或者不符合使用目的的，出租人不承担责任，但承租人依赖出租人的技能确定租赁物或者出租人干预选择租赁物的除外。

第二百四十五条　出租人应当保证承租人对租赁物的占有和使用。

第二百四十六条　承租人占有租赁物期间，租赁物造成第三人的人身伤害或者财产损害的，出租人不承担责任。

第二百四十七条　承租人应当妥善保管、使用租赁物。

第二百四十八条　承租人应当按照约定支付租金、承租人经催告后在合理期限内仍不支付租金的，出租人可以要求支付全部租金；也可以解除合同，收回租赁物。

第二百四十九条　当事人约定租赁期间届满租赁物归承租人所有，承租人已经支付大部分租金，但无力支付剩余租金，出租人因此解除合同收回租赁物的，收回的租赁物的价值超过承租人欠付的租金以及其他费用的，承租人可以要求部分返还。

第二百五十条　出租人和承租人可以约定租赁期间届满租赁物的归属。对租赁物的归属没有约定或者约定不明确，依照本法第六十一条的规定仍不能确定的，租赁物的所有权归出租人。

第十五章　运输合同

第二百五十一条　承揽合同是承揽人按照定作人的要求完成工作，交付工作成果，定作人给付报酬的合同。承揽包括加工、定作、修理、复制、测试、检验等工作。

第二百五十二条　承揽合同的内容包括承揽的标的、数量、质量、报酬、承揽方式、材料的提供、履行期限、验收标准和方法等条款。

第二百五十三条　承揽人应当以自己的设备、技术和劳力，完成主要工作，但当事人另有约定的除外。承揽人将其承揽的主要工作交由第三人完成，应当就该第三人完成的工作成果向定作人负责；未经定作人同意的，定作人也可以解除合同。

第二百五十四条　承揽人可以将其承揽的辅助工作交由第三人完成。承揽人将其承揽的辅助工作交由第三人完成的，应当就该第三人完成的工作成果向定作人负责。

第二百五十五条　承揽人提供材料的，承揽人应当按照约定选用材料，并接受定作人检验。

第二百五十六条　定作人提供材料的，定作人应当按照约定提供材料。承揽人对定作人提供材料，应当及时检验，发现不符合约定时，应当及时通知定作人更换、补齐或者采取其他补救措施。承揽人不得擅自更换定作人提供的材料，不得更换不需要修理的零部件。

第二百五十七条　承揽人发现定作人提供的图纸或者技术要求不合理的，应当及时通知定作人。因定作人怠于答复等原因造成承揽人损失的，应当赔偿损失。

第二百五十八条　定作人中途变更承揽工作的要求，造成承揽人损失的，应当赔偿损失。

第二百五十九条　承揽工作需要定作人协助的，定作人有协助的义务。定作人不履行协助义务致使承揽工作不能完成的，承揽人可以催告定作人在合理期限内履行义务，并可以顺延履行期限；定作人逾期不履行的，承揽人可以解除合同。

第二百六十条 承揽人在工作期间，应当接受定作人必要的监督检验。定作人不得因监督检验妨碍承揽人的正常工作。

第二百六十一条 承揽人完成工作的，应当向定作人交付工作成果，并提交必要的技术资料和有关质量证明。定作人应当验收该工作成果。

第二百六十二条 承揽人交付的工作成果不符合质量要求的，定作人可以要求承揽人承担修理、重作、减少报酬、赔偿损失等违约责任。

第二百六十三条 定作人应当按照约定的期限支付报酬。对支付报酬的期限没有约定或者约定不明确，依照本法第六十一条的规定仍不能确定的，定作人应当在承揽人交付工作成果时支付；工作成果部分交付的，定作人应当相应支付。

第二百六十四条 定作人未向承揽人支付报酬或者材料费等价款的，承揽人对完成的工作成果享有留置权，但当事人另有约定的除外。

第二百六十五条 承揽人应当妥善保管定作人提供的材料以及完成的工作成果，因保管不善造成毁损、灭失的，应当承担损害赔偿责任。

第二百六十六条 承揽人应当按照定作人的要求保守秘密，未经定作人许可，不得留存复制品或者技术资料。

第二百六十七条 共同承揽人对定作人承担连带责任，但当事人另有约定的除外。

第二百六十八条 定作人可以随时解除承揽合同，造成承揽人损失的，应当赔偿损失。

第十六章 建设工程合同

第二百六十九条 建设工程合同是承包人进行工程建设，发包人支付价款的合同。建设工程合同包括工程勘察、设计、施工合同。

第二百七十条 建设工程合同应当采用书面形式。

第二百七十一条 建设工程的招标投标活动，应当依照有关法律的规定公开、公平、公正进行。

第二百七十二条 发包人可以与总承包人订立建设工程合同，也可以分别与勘察人、设计人、施工人订立勘察、设计、施工承包合同。发包人不得将应当由一个承包人完成的建设工程肢解成若干部分发包给几个承包人。总承包人或者勘察、设计、施工承包人经发包人同意，可以将自己承包的部分工作交由第三人完成。第三人就其完成的工作成果与总承包人或者勘察、设计、施工承包人向发包人承担连带责任。承包人不得将其承包的全部建设工程转包给第三人或者将其承包的全部建设工程肢解以后以分包的名义分别转包给第三人。禁止承包人将工程分包给不具备相应资质条件的单位。禁止分包单位将其承包的工程再分包。建设工程主体结构的施工必须由承包人自行完成。

第二百七十三条 国家重大建设工程合同，应当按照国家规定的程序和国家批准的投资计划、可行性研究报告等文件订立。

第二百七十四条 勘察、设计合同的内容包括提交有关基础资料和文件（包括概预算）的期限、质量要求、费用以及其他协作条件等条款。

第二百七十五条 施工合同的内容包括工程范围、建设工期、中间交工工程的开工和竣工时间、工程质量、工程造价、技术资料交付时间、材料和设备供应责任、拨款和结算、竣工验收、质量保修范围和质量保证期、双方相互协作等条款。

第二百七十六条 建设工程实行监理的，发包人应当与监理人采用书面形式订立委托监理合同。发包人与监理人的权利和义务以及法律责任，应当依照本法委托合同以及其他有关法律、行政法规的规定。

第二百七十七条 发包人在不妨碍承包人正常作业的情况下，可以随时对作业进度、质量进行检查。

第二百七十八条 隐蔽工程在隐蔽以前，承包人应当通知发包人检查。发包人没有及时检查的，承包人可以顺延工程日期，并有权要求赔偿停工、窝工等损失。

第二百七十九条 建设工程竣工后，发包人应当根据施工图纸及说明书、国家颁发的施工验收规范和质量检验标准及时进行验收。验收合格的，发包人应当按照约定支付价款，并接收该建设工程。建设工程竣工经验收合格后，方可交付使用；未经验收或者验收不合格的，不得交付使用。

第二百八十条 勘察、设计的质量不符合要求或者未按照期限提交勘察、设计文件拖延工期，造成发包人损失的，勘察人、设计人应当继续完善勘察、设计，减收或者免收勘察、设计费并赔偿损失。

第二百八十一条 因施工人的原因致使建设工程质量不符合约定的，发包人有权要求施工人在合理期限内无偿修理或者返工、改建。经过修理或者返工、改建后，造成逾期交付的，施工人应当承担违约责任。

第二百八十二条 因承包人的原因致使建设工程在合理使用期限内造成人身和财产损害的，承包人应当承担损害赔偿责任。

第二百八十三条 发包人未按照约定的时间和要求提供原材料、设备、场地、资金、技术资料的，承包人可以顺延工程日期，并有权要求赔偿停工、窝工等损失。

第二百八十四条 因发包人的原因致使工程中途停建、缓建的，发包人应当采取措施弥补或者减少损失，赔偿承包人因此造成的停工、窝工、倒运、机械设备调迁、材料和构件积压等损失和实际费用。

第二百八十五条 因发包人变更计划，提供的资料不准确，或者未按照期限提供必需的勘察、设计工作条件而造成勘察、设计的返工、停工或者修改设计，发包人应当按照勘察人、设计人实际消耗的工作量增付费用。

第二百八十六条 发包人未按照约定支付价款的，承包人可以催告发包人在合理期限内支付价款。发包人逾期不支付的，除按照建设工程的性质不宜折价、拍卖的以外，承包人可以与发包人协议将该工程折价，也可以申请人民法院将该工程依法拍卖。建设工程的价款就该工程折价或者拍卖的价款优先受偿。

第二百八十七条 本章没有规定的，适用承揽合同的有关规定。

第十七章 承揽合同

第一节 一般规定

第二百八十八条 运输合同是承运人将旅客或者货物从起运地点运输到约定地点，旅客、托运人或者收货人支付票款或者运输费用的合同。

第二百八十九条 从事公共运输的承运人不得拒绝旅客、托运人通常、合理的运输要求。

第二百九十条 承运人应当在约定期间或者合理期间内将旅客、货物安全运输到约定地点。

第二百九十一条 承运人应当按照约定的或者通常的运输路线将旅客、货物运输到约定地点。

第二百九十二条 旅客、托运人或者收货人应当支付票款或者运输费用。承运人未按照约定路线或者通常路线运输增加票款或者运输费用的，旅客、托运人或者收货人可以拒绝支付增加部分的票款或者运输费用。

第二节 客运合同

第二百九十三条 客运合同自承运人向旅客交付客票时成立，但当事人另有约定或者另有交易习惯的除外。

第二百九十四条 旅客应当持有效客票乘运。旅客无票乘运、超程乘运、越级乘运或者持失效客票乘运的，应当补交票款，承运人可以按照规定加收票款。旅客不交付票款的，承运人可以拒绝运输。

第二百九十五条 旅客因自己的原因不能按照客票记载的时间乘坐的，应当在约定的时间内办理退票或者变更手续。逾期办理的，承运人可以不退票款，并不再承担运输义务。

第二百九十六条 旅客在运输中应当按照约定的限量携带行李。超过限量携带行李的，应当办理托运手续。

第二百九十七条 旅客不得随身携带或者在行李中夹带易燃、易爆、有毒、有腐蚀性、有放射性以及有可能危及运输工具上人身和财产安全的危险物品或者其他违禁物品。旅客违反前款规定的，承运人可以将违禁物品卸下、销毁或者送交有关部门。旅客坚持携带或者夹带违禁物品的，承运人应当拒绝运输。

第二百九十八条 承运人应当向旅客及时告知有关不能正常运输的重要事由和安全运输应当注意的事项。

第二百九十九条 承运人应当按照客票载明的时间和班次运输旅客。承运人迟延运输的，应当根据旅客的要求安排改乘其他班次或者退票。

第三百条 承运人擅自变更运输工具而降低服务标准的，应当根据旅客的要求退票或者减收票款；提高服务标准的，不应当加收票款。

第三百零一条 承运人在运输过程中，应当尽力救助患有急病、分娩、遇险的旅客。

第三百零二条 承运人应当对运输过程中旅客的伤亡承担损害赔偿责任，但伤亡是旅客自身健康原因造成的或者承运人证明伤亡是旅客故意、重大过失造成的除外。前款规定适用于按照规定免票、持优待票或者经承运人许可搭乘的无票旅客。

第三百零三条 在运输过程中旅客自带物品毁损、灭失，承运人有过错的，应当承担损害赔偿责任。旅客托运的行李毁损、灭失的，适用货物运输的有关规定。

第三节　货运合同

第三百零四条 托运人办理货物运输，应当向承运人准确表明收货人的名称或者姓名或者凭指示的收货人，货物的名称、性质、质量、数量，收货地点等有关货物运输的必要情况。因托运人申报不实或者遗漏重要情况，造成承运人损失的，托运人应当承担损害赔偿责任。

第三百零五条 货物运输需要办理审批、检验等手续的，托运人应当将办理完有关手续的文件提交承运人。

第三百零六条 托运人应当按照约定的方式包装货物。对包装方式没有约定或者约定不明确的，适用本法第一百五十六条的规定。托运人违反前款规定的，承运人可以拒绝运输。

第三百零七条 托运人托运易燃、易爆、有毒、有腐蚀性、有放射性等危险物品的，应当按照国家有关危险物品运输的规定对危险物品妥善包装，作出危险物标志和标签，并将有关危险物品的名称、性质和防范措施的书面材料提交承运人。托运人违反前款规定的，承运人可以拒绝运输，也可以采取相应措施以避免损失的发生，因此产生的费用由托运人承担。

第三百零八条 在承运人将货物交付收货人之前，托运人可以要求承运人中止运输、返还货物、变更到达地或者将货物交给其他收货人，但应当赔偿承运人因此受到的损失。

第三百零九条 货物运输到达后，承运人知道收货人的，应当及时通知收货人，收货人应当及时提货。收货人逾期提货的，应当向承运人支付保管费等费用。

第三百一十条 收货人提货时应当按照约定的期限检验货物。对检验货物的期限没有约定或者约定不明确，依照本法第六十一条的规定仍不能确定的，应当在合理期限内检验货物。收货人在约定的期限或者合理期限内对货物的数量、毁损等未提出异议的，视为承运人已经按照运输单证的记载交付的初步证据。

第三百一十一条 承运人对运输过程中货物的毁损、灭失承担损害赔偿责任，但承运人证明货物的毁损、灭失是因不可抗力、货物本身的自然性质或者合理损耗以及托运人、收货人的过错造成的，不承担损害赔偿责任。

第三百一十二条 货物的毁损、灭失的赔偿额，当事人有约定的，按照其约定；没有约定或者约定不明确，依照本法第六十一条的规定仍不能确定的，按照交付或者应当交付时货物到达地的市场价格计算。法律、行政法规对赔偿额的计算方法和赔偿限额另有规定的，依照其规定。

第三百一十三条 两个以上承运人以同一运输方式联运的，与托运人订立合同的承运人应当对全程运输承担责任。损失发生某一运输区段，与托运人订立合同的承运人和该区段的承运人承担连带责任。

第三百一十四条　货物在运输过程中因不可抗力灭失，未收取运费的，承运人不得要求支付运费；已收取运费的，托运人可以要求返还。

第三百一十五条　托运人或者收货人不支付运费、保管费以及其他运输费用的，承运人对相应的运输货物享有留置权，但当事人另有约定的除外。

第三百一十六条　收货人不明或者收货人无正当理由拒绝受领货物的，依照本法第一百零一条的规定，承运人可以提存货物。

第四节　多式联运合同

第三百一十七条　多式联运经营人负责履行或者组织履行多式联运合同，对全程运输享有承运人的权利，承担承运人的义务。

第三百一十八条　多式联运经营人可以与参加多式联运的各区段承运人就多式联运合同的各区段运输约定相互之间的责任，但该约定不影响多式联运经营人对全程运输承担的义务。

第三百一十九条　多式联运经营人收到托运人交付的货物时，应当签发多式联运单据。按照托运人的要求，多式联运单据可以是可转让单据，也可以是不可转让单据。

第三百二十条　因托运人托运货物时的过错造成多式联运经营人损失的，即使托运人已经转让多式联运单据，托运人仍然应当承担损害赔偿责任。

第三百二十一条　货物的毁损、灭失发生于多式联运的某一运输区段的，多式联运经营人的赔偿责任和责任限额，适用调整该区段运输方式的有关法律规定。货物毁损、灭失发生的运输区段不能确定的，依照本章规定承担损害赔偿责任。

第十八章　技术合同

第一节　一般规定

第三百二十二条　技术合同是当事人就技术开发、转让、咨询或者服务订立的确立相互之间权利和义务的合同。

第三百二十三条　订立技术合同，应当有利于科学技术的进步，加速科学技术成果的转化、应用和推广。

第三百二十四条　技术合同的内容由当事人约定，一般包括以下条款：

（一）项目名称；

（二）标的的内容、范围和要求；

（三）履行的计划、进度、期限、地点、地域和方式；

（四）技术情报和资料的保密；

（五）风险责任的承担；

（六）技术成果的归属和收益的分成办法；

（七）验收标准和方法；

（八）价款、报酬或者使用费及其支付方式；

（九）违约金或者损失赔偿的计算方法；

（十）解决争议的方法；

（十一）名词和术语的解释。

与履行合同有关的技术背景资料、可行性论证和技术评价报告、项目任务书和计划书、技术标准、技术规范、原始设计和工艺文件，以及其他技术文档，按照当事人的约定可以作为合同的组成部分。技术合同涉及专利的，应当注明发明创造的名称、专利申请人和专利权人、申请日期、申请号、专利号以及专利权的有效期限。

第三百二十五条　技术合同价款、报酬或者使用费的支付方式由当事人约定，可以采取一次总算、一次总付或者一次总算、分期支付，也可以采取提成支付或者提成支付附加预付入门费的方式。约定提成支付的，可以按照产品价格、实施专利和使用技术秘密后新增的产值、利润或者产品销售额的一定比例提成，也可以按照约定的其他方式计算。提成支付的比例可以采取固定比例、逐年递增比例或者逐年递减比例。约定提成支付的，当事人应当在合同中约定查阅有关会计账目的办法。

第三百二十六条　职务技术成果的使用权、转让权属于法人或者其他组织的，法人或者其他组织可以就该项职务技术成果订立技术合同。法人或者其他组织应当从使用和转让该项职务技术成果所取得的收益中提取一定比例，对完成该项职务技术成果的个人给予奖励或者报酬。法人或者其他组织订立技术合同转让职务技术成果所取得的收益中提取一定比例，对完成该项职务技术成果的个人给予奖励或者报酬。法人或者其他组织订立技术合同转让职务技术成果时，职务技术成果的完成人享有以同等条件优先受让的权利。职务技术成果是执行法人或者其他组织的工作任务，或者主要是利用法人或者其他组织的物质技术条件所完成的技术成果。

第三百二十七条　非职务技术成果的使用权、转让权属于完成技术成果的个人，完成技术成果的个人可以就该项非职务技术成果订立技术合同。

第三百二十八条　完成技术成果的个人有在有关技术成果文件上写明自己是技术成果完成者的权利和取得荣誉证书、奖励的权利。

第三百二十九条　非法垄断技术、妨碍技术进步或者侵害他人技术成果的技术合同无效。

第二节　技术开发合同

第三百三十条　技术开发合同是指当事人之间就新技术、新产品、新工艺或者新材料及其系统的研究开发所订立的合同。技术开发合同包括委托开发合同和合作开发合同。技术开发合同应当采用书面形式。当事人之间就具有产业应用价值的科技成果实施转化订立的合同，参照技术开发合同的规定。

第三百三十一条　委托开发合同的委托人应当按照约定支付研究开发经费和报酬；提供技术资料、原始数据；完成协作事项；接受研究开发成果。

第三百三十二条　委托开发合同的研究开发人应当按照约定制定和实施研究开发计划；合理使用研究开发经费；按期完成研究开发工作，交付研究开发成果，提供有关的技术资料和必要的技术指导，帮助委托人掌握研究开发成果。

第三百三十三条　委托人违反约定造成研究开发工作停滞、延误或者失败的，应当承担违约责任。

第三百三十四条　研究开发人违反约定造成研究开发工作停滞、延误或者失败的，应当承担违约责任。

第三百三十五条　合作开发合同的当事人应当按照约定进行投资，包括以技术进行投资；分工参与研究开发工作；协作配合研究开发工作。

第三百三十六条　合作开发合同的当事人违反约定造成研究开发工作停滞、延误或者失败的，应当承担违约责任。

第三百三十七条　因作为技术开发合同标的的技术已经由他人公开，致使技术开发合同的履行没有意义的，当事人可以解除合同。

第三百三十八条　在技术开发合同履行过程中，因出现无法克服的技术困难，致使研究开发失败或者部分失败的，该风险责任由当事人约定。没有约定或者约定不明确，依照本法第六十一条的规定仍不能确定的，风险责任由当事人合理分担。当事人一方发现前款规定的可能致使研究开发失败或者部分失败的情形时，应当及时通知另一方并采取适当措施减少损失。没有及时通知并采取适当措施，致使损失扩大的，应当就扩大的损失承担责任。

第三百三十九条　委托开发完成的发明创造，除当事人另有约定的以外，申请专利的权利属于研究开发人。研究开发人取得专利权的，委托人可以免费实施该专利。研究开发人转让专利申请权的，委托人享有以同等条件优先受让的权利。

第三百四十条　合作开发完成的发明创造，除当事人另有约定的以外，申请专利的权利属于合作开发的当事人共有。当事人一方转让其共有的专利申请权的，其他各方享有以同等条件优先受让的权利。合作开发的当事人一方声明放弃其共有的专利申请权的，可以由另一方单独申请或者由其他各方共同申请。申请人取得专利权的，放弃专利申请权的一方可以免费实施该专利。合作开发的当事人一方不同意申请专利的，另一方或者其他各方不得申请专利。

第三百四十一条　委托开发或者合作开发完成的技术秘密成果的使用权、转让权以及利益的分配办法，由当事人约定。没有约定或者约定不明确，依照本法第六十一条的规定仍不能确定的，当事人均有使用和转让的权利，但委托开发的研究开发人不得在向委托人交付研究开发成果之前，将研究开发成果转让给第三人。

第三节　技术转让合同

第三百四十二条　技术转让合同包括专利权转让、专利申请权转让、技术秘密转让、专利实施许可合同。技术转让合同应当采用书面形式。

第三百四十三条　技术转让合同可以约定让与人和受让人实施专利或者使用技术秘密的范围，但不得限制技术竞争和技术发展。

第三百四十四条　专利实施许可合同只在该专利权的存续期间内有效。专利权有效期限届满或者专利权被宣布无效的，专利权人不得就该专利与他人订立专利实施许可合同。

第三百四十五条　专利实施许可合同的让与人应当按照约定许可受让人实施专利，交付实施专利有关的技术资料，提供必要的技术指导。

第三百四十六条　专利实施许可合同的受让人应当按照约定实施专利，不得许可约定以外的第三人实施该专利；并按照约定支付使用费。

第三百四十七条　技术秘密转让合同的让与人应当按照约定提供技术资料，进行技术指导，保证技术的实用性、可靠性，承担保密义务。

第三百四十八条　技术秘密转让合同的受让人应当按照约定使用技术，支付使用费，承担保密义务。

第三百四十九条　技术转让合同的让与人应当保证自己是所提供的技术的合法拥有者，并保证所提供的技术完整、无误、有效，能够达到约定的目标。

第三百五十条　技术转让合同的受让人应当按照约定的范围和期限，对让与人提供的技术中尚未公开的秘密部分，承担保密义务。

第三百五十一条　让与人未按照约定转让技术，应当返还部分或者全部使用费，并应当承担违约责任；实施专利或者使用技术秘密超越约定的范围的，违反约定擅自许可第三人实施该项专利或者使用该项技术秘密的，应当停止违约行为，承担违约责任；违反约定的保密义务的，应当承担违约责任。

第三百五十二条　受让人未按照约定支付使用费的，应当补交使用费并按照约定支付违约金；不补交使用费或者支付违约金的，应当停止实施专利或者使用技术秘密，交还技术资料，承担违约责任；实施专利或者使用技术秘密超越约定的范围的，未经让与人同意擅自许可第三人实施该专利或者使用该技术秘密的，应当停止违约行为，承担违约责任；违反约定的保密义务的，应当承担违约责任。

第三百五十三条　受让人按照约定实施专利、使用技术秘密侵害他人合法权益的，由让与人承担责任，但当事人另有约定的除外。

第三百五十四条　当事人可以按照互利的原则，在技术转让合同中约定实施专利、使用技术秘密后续改进的技术成果的分享办法。没有约定或者约定不明确，依照本法第六十一条的规定仍不能确定的，一方后续改进的技术成果，其他各方无权分享。

第三百五十五条　法律、行政法规对技术进出口合同或者专利、专利申请合同另有规定的，依照其规定。

第四节　技术咨询合同和技术服务合同

第三百五十六条　技术咨询合同包括就特定技术项目提供可行性论证、技术预测、专题技术调查、分析评价报告等合同。技术服务合同是指当事人一方以技术知识为另一方解决特定技术问题所订立的合同，不包括建设工程合同和承揽合同。

第三百五十七条 技术咨询合同的委托人应当按照约定阐明咨询的问题，提供技术背景材料及有关技术资料、数据；接受受托人的工作成果，支付报酬。

第三百五十八条 技术咨询合同的受托人应当按照约定的期限完成咨询报告或者解答问题；提出的咨询报告应当达到约定的要求。

第三百五十九条 技术咨询合同的委托人未按照约定提供必要的资料和数据，影响工作进度和质量，不接受或者逾期接受工作成果的，支付的报酬不得追回，未支付的报酬应当支付。技术咨询合同的受托人未按期提出咨询报告或者提出的咨询报告不符合约定的，应当承担减收或者免收报酬等违约责任。技术咨询合同的委托人按照受托人符合约定要求的咨询报告和意见作出决策所造成的损失，由委托人承担，但当事人另有约定的除外。

第三百六十条 技术服务合同的委托人应当按照约定提供工作条件，完成配合事项；接受工作成果并支付报酬。

第三百六十一条 技术服务合同的受托人应当按照约定完成服务项目，解决技术问题，保证工作质量，并传授解决技术问题的知识。

第三百六十二条 技术服务合同的委托人不履行合同义务或者履行合同义务不符合约定，影响工作进度和质量，不接受或者逾期接受工作成果，支付的报酬不得追回，未支付的报酬应当支付。技术服务合同的受托人未按照合同约定完成服务工作的，应当承担免收报酬等违约责任。

第三百六十三条 在技术咨询合同、技术服务合同履行过程中，受托人利用委托人提供的技术资料和工作条件完成的新的技术成果，属于受托人。委托人利用受托人的工作成果完成的新的技术成果，属于委托人。当事人另有约定的，按照其约定。

第三百六十四条 法律、行政法规对技术中介合同、技术培训合同另有规定的，依照其规定。

第十九章 保管合同

第三百六十五条 保管合同是保管人保管寄存人交付的保管物，并返还该物的合同。

第三百六十六条 寄存人应当按照约定向保管人支付保管费。当事人对保管费没有约定或者约定不明确，依照本法第六十一条的规定仍不能确定的，保管是无偿的。

第三百六十七条 保管合同自保管物交付时成立，但当事人另有约定的除外。

第三百六十八条 寄存人向保管人交付保管物的，保管人应当给付保管凭证，但另有交易习惯的除外。

第三百六十九条 保管人应当妥善保管保管物。当事人可以约定保管场所或者方法。除紧急情况或者为了维护寄存人利益的以外，不得擅自改变保管场所或者方法。

第三百七十条 寄存人交付的保管物有瑕疵或者按照保管物的性质需要采取特殊保管措施的，寄存人应当将有关情况告知保管人。寄存人未告知，致使保管物受损失的，保管人不承担损害赔偿责任；保管人因此受损失的，除保管人知道或者应当知道并且未采取补救措施的以外，寄存人应当承担损害赔偿责任。

第三百七十一条 保管人不得将保管物转交第三人保管，但当事人另有约定的除外。保管人违反前款规定，将保管物转交第三人保管，对保管物造成损失的，应当承担损害赔偿责任。

第三百七十二条 保管人不得使用或者许可第三人使用保管物，但当事人另有约定的除外。

第三百七十三条 第三人对保管物主张权利的，除依法对保管物采取保全或者执行的以外，保管人应当履行向寄存人返还保管物的义务。第三人对保管人提起诉讼或者对保管物申请扣押的，保管人应当及时通知寄存人。

第三百七十四条 保管期间，因保管人保管不善造成保管物毁损、灭失的，保管人应当承担损害赔偿责任，但保管是无偿的，保管人证明自己没有重大过失的，不承担损害赔偿责任。

第三百七十五条　寄存人寄存货币、有价证券或者其他贵重物品的，应当向保管人声明，由保管人验收或者封存。寄存人未声明的，该物品毁损、灭失后，保管人可以按照一般物品予以赔偿。

第三百七十六条　寄存人可以随时领取保管物。当事人对保管期间没有约定或者约定不明确的，保管人可以随时要求寄存人领取保管物；约定保管期间的，保管人无特别事由，不得要求寄存人提前领取保管物。

第三百七十七条　保管期间届满或者寄存人提前领取保管物的，保管人应当将原物及其孳息归还寄存人。

第三百七十八条　保管人保管货币的，可以返还相同种类、数量的货币。保管其他可替代物的，可以按照约定返还相同种类、品质、数量的物品。

第三百七十九条　有偿的保管合同，寄存人应当按照约定的期限向保管人支付保管费。当事人对支付期限没有约定或者约定不明确，依照本法第六十一条的规定仍不能确定，应当在领取保管物的同时支付。

第三百八十条　寄存人未按照约定支付保管费以及其他费用的，保管人对保管物享有留置权，但当事人另有约定的除外。

第二十章　仓储合同

第三百八十一条　仓储合同是保管人储存存货人交付的仓储物，存货人支付仓储费的合同。

第三百八十二条　仓储合同自成立时生效。

第三百八十三条　储存易燃、易爆、有毒、有腐蚀性、有放射性等危险物品或者易变质物品，存货人应当说明该物品的性质，提供有关资料。存货人违反前款规定的，保管人可以拒收仓储物，也可以采取相应措施以避免损失的发生，因此产生的费用由存货人承担。保管人储存易燃、易爆、有毒、有腐蚀性、有放射性等危险物品的，应当具备相应的保管条件。

第三百八十四条　保管人应当按照约定对入库仓储物进行验收。保管人验收时发现入库仓储物与约定不符合的，应当及时通知存货人。保管人验收后，发生仓储物的品种、数量、质量不符合约定的，保管人应当承担损害赔偿责任。

第三百八十五条　存货人交付仓储物的，保管人应当给付仓单。

第三百八十六条　保管人应当在仓单上签字或者盖章。仓单包括下列事项：

（一）存货人的名称或者姓名和住所；

（二）仓储物的品种、数量、质量、包装、件数和标记；

（三）仓储物的损耗标准；

（四）储存场所；

（五）储存期间；

（六）仓储费；

（七）仓储物已经办理保险的，其保险金额、期间以及保险人的名称；

（八）填发人、填发地和填发日期。

第三百八十七条　仓单是提取仓储物的凭证。存货人或者仓单持有人在仓单上背书并经保管人签字或者盖章的，可以转让提取仓储物的权利。

第三百八十八条　保管人根据存货人或者仓单持有人的要求，应当同意其检查仓储物或者提取样品。

第三百八十九条　保管人对入库仓储物发现有变质或者其他损坏的，应当及时通知存货人或者仓单持有人。

第三百九十条　保管人对入库仓储物发现有变质或者其他损坏，危及其他仓储物的安全和正常保管的，应当催告存货人或者仓单持有人作出必要的处置。因情况紧急，保管人可以作出必要的处置，但事后应当将该情况及时通知存货人或者仓单持有人。

第三百九十一条　当事人对储存期间没有约定或者约定不明确的，存货人或者仓单持有人可以随时提取仓储物，保管人也可以随时要求存货人或者仓单持有人提取仓储物，但应当给予必要的准备时间。

第三百九十二条　储存期间届满，存货人或者仓单持有人应当凭仓单提取仓储物。存货人或者仓单持有人逾期提取的，应当加收仓储费；提前提取的，不减收仓储费。

第三百九十三条　储存期间届满，存货人或者仓单持有人不提取仓储物的，保管人可以催告其在合理期限内提取，逾期不提取的，保管人可以提存仓物。

第三百九十四条　储存期间，因保管人保管不善造成仓储物损、灭失的，保管人应当承担损害赔偿责任。因仓储物的性质、包装不符合约定或者超过有效储存期造成仓储物变质、损坏的，保管人不承担损害赔偿责任。

第三百九十五条　本章没有规定的，适用保管合同的有关规定。

第二十一章　委托合同

第三百九十六条　委托合同是委托人和受托人约定，由受托人处理委托人事务的合同。

第三百九十七条　委托人可以特别委托受托人处理一项或者数项事务，也可以概括委托受托人处理一切事务。

第三百九十八条　委托人应当预付处理委托事务的费用。受托人为处理委托事务垫付的必要费用，委托人应当偿还该费用及其利息。

第三百九十九条　受托人应当按照委托人的指示处理委托事务。需要变更委托人指示的，应当经委托人同意；因情况紧急，难以和委托人取得联系的，受托人应当妥善处理委托事务，但事后应当将该情况及时报告委托人。

第四百条　受托人应当亲自处理委托事务。经委托人同意，受托人可以转委托。转委托经同意的，委托人可以就委托事务直接指示转委托的第三人，受托人仅就第三人的选任及其对第三人的指示承担责任。转委托未经同意的，受托人应当对转委托的第三人的行为承担责任，但在紧急情况下受托人为维护委托人的利益需要转委托的除外。

第四百零一条　受托人应当按照委托人的要求，报告委托事务的处理情况。委托合同终止时，受托人应当报告委托事务的结果。

第四百零二条　受托人以自己的名义，在委托人的授权范围内与第三人订立的合同，第三人在订立合同时知道受托人与委托人之间的代理关系的，该合同直接约束委托人和第三人，但有确切证据证明该合同只约束受托人和第三人的除外。

第四百零三条　受托人以自己的名义与第三人订立合同时，第三人不知道受托人与委托人之间的代理关系的，受托人因第三人的原因对委托人不履行义务，受托人应当向委托人披露第三人，委托人因此可以行使受托人对第三人的权利，但第三人与受托人订立合同时如果知道该委托人就不会订立合同的除外。受托人因委托人的原因对第三人不履行义务，受托人应当向第三人披露委托人，第三人因此可以选择受托人或者委托人作为相对人主张其权利，但第三人不得变更选定的相对义务，受托人应当向第三人披露委托人，第三人因此可以选择受托人或者委托人作为相对人主张其权利，但第三人不得变更选定的相对人。委托人行使受托人对第三人的权利的，第三人可以向委托人主张其对受托人的抗辩。第三人选定委托人作为其相对人的，委托人可以向第三人主张其对受托人的抗辩以及受托人对第三人的抗辩。

第四百零四条　受托人处理委托事务取得的财产，应当转交给委托人。

第四百零五条　受托人完成委托事务的，委托人应当向其支付报酬。因不可归责于受托人的事由，委托合同解除或者委托事务不能完成的，委托人应当向受托人支付相应的报酬。当事人另有约定的，按照其约定。

第四百零六条　有偿的委托合同，因受托人的过错给委托人造成损失的，委托人可以要求赔偿损失。无偿的委托合同，因受托人的故意或者重大过失给委托人造成损失的，委托人可以要求赔偿损失。受托人超越权限给委托人造成损失的，应当赔偿损失。

第四百零七条　受托人处理委托事务时，因不可归责于自己的事由受到损失的，可以向委托人要求赔偿损失。

第四百零八条　委托人经受托人同意，可以在受托人之外委托第三人处理委托事务。因此给受托人造成损失的，受托人可以向委托人要求赔偿损失。

第四百零九条　两个以上的受托人共同处理委托事务的，对委托人承担连带责任。

第四百一十条　委托人或者受托人可以随时解除委托合同。因解除合同给对方造成损失的，除不可归责于该当事人的事由以外，应当赔偿损失。

第四百一十一条　委托人或者受托人死亡、丧失民事行为能力或者破产的，委托合同终止，但当事人另有约定或者根据委托事务的性质不宜终止的除外。

第四百一十二条　因委托人死亡、丧失民事行为能力或者破产，致使委托合同终止将损害委托人利益的，在委托人的继承人、法定代理人或者清算组织承受委托事务之前，受托人应当继续处理委托事务。

第四百一十三条　因受托人死亡、丧失民事行为能力或者破产，致使委托合同终止的，受托人的继承人、法定代理人或者清算组织应当及时通知委托人。因委托合同终止将损害委托人利益的，在委托人作出善后处理之前，受托人的继承人、法定代理人或者清算组织应当采取必要措施。

第二十二章　行纪合同

第四百一十四条　行纪合同是行纪人以自己的名义为委托人从事贸易活动，委托人支付报酬的合同。

第四百一十五条　行纪人处理委托事务支出的费用，由行纪人负担，但当事人另有约定的除外。

第四百一十六条　行纪人占有委托物的，应当妥善保管委托物。

第四百一十七条　委托物交付给行纪人时有瑕疵或者容易腐烂、变质的，经委托人同意，行纪人可以处分该物；和委托人不能及时取得联系的，行纪人可以合理处分。

第四百一十八条　行纪人低于委托人指定的价格卖出或者高于委托人指定的价格买入的，应当经委托人同意。未经委托人同意，行纪人补偿其差额的，该买卖对委托人发生效力。行纪人高于委托人指定的价格卖出或者低于委托人指定的价格买入的，可以按照约定增加报酬。没有约定或者约定不明确，依照本法第六十一条的规定仍不能确定的，该利益属于委托人。委托人对价格有特别指示的，行纪人不得违背该指示卖出或者买入。

第四百一十九条　行纪人卖出或者买入具有市场定价的商品，除委托人有相反的意思表示的以外，行纪人自己可以作为买受人或者出卖人。行纪人有前款规定情形的，仍然可以要求委托人支付报酬。

第四百二十条　行纪人按照约定买入委托物，委托人应当及时受领。经行纪人催告，委托人无正当理由拒绝受领的，行纪人依照本法第一百零一条的规定可以提存委托物。委托物不能卖出或者委托撤回出卖，经行纪人催告，委托人不取回或者不处分该物的，行纪人依照本法第一百零一条的规定可以提存委托物。

第四百二十一条　行纪人与第三人订立合同的，行纪人对该合同直接享有权利、承担义务。第三人不履行义务致使委托人受到损害的，行纪人应当承担损害赔偿责任，但行纪人与委托人另有约定的除外。

第四百二十二条　行纪人完成或者部分完成委托事务的，委托人应当向其支付相应的报酬。委托人逾期不支付报酬的，行纪人对委托物享有留置权，但当事人另有约定的除外。

第四百二十三条　本章没有规定的，适用委托合同的有关规定。

第二十三章　居间合同

第四百二十四条　居间合同是居间人向委托人报告订立合同的机会或者提供订立合同的媒介服务，委托人支付报酬的合同。

第四百二十五条　居间人应当就有关订立合同的事项向委托人如实报告。居间人故意隐瞒与订立合同有关的重要事实或者提供虚假情况，损害委托人利益的，不得要求支付报酬并应当承担损害赔偿责任。

第四百二十六条 居间人促成合同成立的，委托人应当按照约定支付报酬。对居间人的报酬没有约定或者约定不明确，依照本法第六十一条的规定仍不能确定的，根据居间人的劳务合理确定。因居间人提供订立合同的媒介服务而促成合同成立的，由该合同的当事人平均负担居间人的报酬。居间人促成合同成立的，居间活动的费用，由居间人负担。

第四百二十七条 居间人未促成合同成立的，不得要求支付报酬，但可以要求委托人支付从事居间活动支出的必要费用。

附　则

第四百二十八条 本法自 1999 年 10 月 1 日起施行，《中华人民共和国经济合同法》、《中华人民共和国涉外经济合同法》、《中华人民共和国技术合同法》同时废止。

附录四

中华人民共和国招标投标法

(1999 年 8 月 30 日第九届全国人民代表大会常务委员会第十一次会议通过，1999 年 8 月 30 日中华人民共和国主席令第二十一号公布，自 2000 年 1 月 1 日起施行)

第一章 总 则

第一条 为了规范招标投标活动，保护国家利益、社会公共利益和招标投标活动当事人的合法权益，提高经济效益，保证项目质量，制定本法。

第二条 在中华人民共和国境内进行招标投标活动，适用本法。

第三条 在中华人民共和国境内进行下列工程建设项目包括项目的勘察、设计、施工、监理以及与工程建设有关的重要设备、材料等的采购，必须进行招标：

（一）大型基础设施、公用事业等关系社会公共利益、公众安全的项目；

（二）全部或者部分使用国有资金投资或者国家融资的项目；

（三）使用国际组织或者外国政府贷款、援助资金的项目。

前款所列项目的具体范围和规模标准，由国务院发展计划部门会同国务院有关部门制订，报国务院批准。

法律或者国务院对必须进行招标的其他项目的范围有规定的，依照其规定。

第四条 任何单位和个人不得将依法必须进行招标的项目化整为零或者以其他任何方式规避招标。

第五条 招标投标活动应当遵循公开、公平、公正和诚实信用的原则。

第六条 依法必须进行招标的项目，其招标投标活动不受地区或者部门的限制。任何单位和个人不得违法限制或者排斥本地区、本系统以外的法人或者其他组织参加投标，不得以任何方式非法干涉招标投标活动。

第七条 招标投标活动及其当事人应当接受依法实施的监督。

有关行政监督部门依法对招标投标活动实施监督，依法查处招标投标活动中的违法行为。

对招标投标活动的行政监督及有关部门的具体职权划分，由国务院规定。

第二章 招 标

第八条 招标人是依照本法规定提出招标项目、进行招标的法人或者其他组织。

第九条 招标项目按照国家有关规定需要履行项目审批手续的，应当先履行审批手续，取得批准。

招标人应当有进行招标项目的相应资金或者资金来源已经落实，并应当在招标文件中如实载明。

第十条 招标分为公开招标和邀请招标。

公开招标，是指招标人以招标公告的方式邀请不特定的法人或者其他组织投标。

邀请招标，是指招标人以投标邀请书的方式邀请特定的法人或者其他组织投标。

第十一条 国务院发展计划部门确定的国家重点项目和省、自治区、直辖市人民政府确定的地方重点项目不适宜公开招标的，经国务院发展计划部门或者省、自治区、直辖市人民政府批准，可以进行邀请招标。

第十二条 招标人有权自行选择招标代理机构，委托其办理招标事宜。任何单位和个人不得以任何方式为招标人指定招标代理机构。

招标人具有编制招标文件和组织评标能力的，可以自行办理招标事宜。任何单位和个人不得强制其委托招标代理机构办理招标事宜。

依法必须进行招标的项目，招标人自行办理招标事宜的，应当向有关行政监督部门备案。

第十三条 招标代理机构是依法设立、从事招标代理业务并提供相关服务的社会中介组织。

招标代理机构应当具备下列条件：

（一）有从事招标代理业务的营业场所和相应资金；

（二）有能够编制招标文件和组织评标的相应专业力量；

（三）有符合本法第三十七条第三款规定条件、可以作为评标委员会成员人选的技术、经济等方面的专家库。

第十四条 从事工程建设项目招标代理业务的招标代理机构，其资格由国务院或者省、自治区、直辖市人民政府的建设行政主管部门认定。具体办法由国务院建设行政主管部门会同国务院有关部门制定。从事其他招标代理业务的招标代理机构，其资格认定的主管部门由国务院规定。

招标代理机构与行政机关和其他国家机关不得存在隶属关系或者其他利益关系。

第十五条 招标代理机构应当在招标人委托的范围内办理招标事宜，并遵守本法关于招标人的规定。

第十六条 招标人采用公开招标方式的，应当发布招标公告。依法必须进行招标的项目的招标公告，应当通过国家指定的报刊、信息网络或者其他媒介发布。

招标公告应当载明招标人的名称和地址、招标项目的性质、数量、实施地点和时间以及获取招标文件的办法等事项。

第十七条 招标人采用邀请招标方式的，应当向三个以上具备承担招标项目的能力、资信良好的特定的法人或者其他组织发出投标邀请书。

投标邀请书应当载明本法第十六条第二款规定的事项。

第十八条 招标人可以根据招标项目本身的要求，在招标公告或者投标邀请书中，要求潜在投标人提供有关资质证明文件和业绩情况，并对潜在投标人进行资格审查；国家对投标人的资格条件有规定的，依照其规定。

招标人不得以不合理的条件限制或者排斥潜在投标人，不得对潜在投标人实行歧视待遇。

第十九条 招标人应当根据招标项目的特点和需要编制招标文件。招标文件应当包括招标项目的技术要求、对投标人资格审查的标准、投标报价要求和评标标准等所有实质性要求和条件以及拟签订合同的主要条款。

国家对招标项目的技术、标准有规定的，招标人应当按照其规定在招标文件中提出相应要求。

招标项目需要划分标段、确定工期的，招标人应当合理划分标段、确定工期，并在招标文件中载明。

第二十条 招标文件不得要求或者标明特定的生产供应者以及含有倾向或者排斥潜在投标人的其他内容。

第二十一条 招标人根据招标项目的具体情况，可以组织潜在投标人踏勘项目现场。

第二十二条 招标人不得向他人透露已获取招标文件的潜在投标人的名称、数量以及可能影响公平竞争的有关招标投标的其他情况。

招标人设有标底的，标底必须保密。

第二十三条 招标人对已发出的招标文件进行必要的澄清或者修改的，应当在招标文件要求提交投标文件截止时间至少十五日前，以书面形式通知所有招标文件收受人。该澄清或者修改的内容为招标文件的组成部分。

第二十四条 招标人应当确定投标人编制投标文件所需要的合理时间；但是，依法必须进行招标的项目，自招标文件开始发出之日起至投标人提交投标文件截止之日止，最短不得少于二十日。

第三章 投 标

第二十五条 投标人是响应招标、参加投标竞争的法人或者其他组织。

依法招标的科研项目允许个人参加投标的，投标的个人适用本法有关投标人的规定。

第二十六条　投标人应当具备承担招标项目的能力；国家有关规定对投标人资格条件或者招标文件对投标人资格条件有规定的，投标人应当具备规定的资格条件。

第二十七条　投标人应当按照招标文件的要求编制投标文件。投标文件应当对招标文件提出的实质性要求和条件作出响应。

招标项目属于建设施工的，投标文件的内容应当包括拟派出的项目负责人与主要技术人员的简历、业绩和拟用于完成招标项目的机械设备等。

第二十八条　投标人应当在招标文件要求提交投标文件的截止时间前，将投标文件送达投标地点。招标人收到投标文件后，应当签收保存，不得开启。投标人少于三个的，招标人应当依照本法重新招标。

在招标文件要求提交投标文件的截止时间后送达的投标文件，招标人应当拒收。

第二十九条　投标人在招标文件要求提交投标文件的截止时间前，可以补充、修改或者撤回已提交的投标文件，并书面通知招标人。补充、修改的内容为投标文件的组成部分。

第三十条　投标人根据招标文件载明的项目实际情况，拟在中标后将中标项目的部分非主体、非关键性工作进行分包的，应当在投标文件中载明。

第三十一条　两个以上法人或者其他组织可以组成一个联合体，以一个投标人的身份共同投标。

联合体各方均应当具备承担招标项目的相应能力；国家有关规定或者招标文件对投标人资格条件有规定的，联合体各方均应当具备规定的相应资格条件。由同一专业的单位组成的联合体，按照资质等级较低的单位确定资质等级。

联合体各方应当签订共同投标协议，明确约定各方拟承担的工作和责任，并将共同投标协议连同投标文件一并提交招标人。联合体中标的，联合体各方应当共同与招标人签订合同，就中标项目向招标人承担连带责任。

招标人不得强制投标人组成联合体共同投标，不得限制投标人之间的竞争。

第三十二条　投标人不得相互串通投标报价，不得排挤其他投标人的公平竞争，损害招标人或者其他投标人的合法权益。

投标人不得与招标人串通投标，损害国家利益、社会公共利益或者他人的合法权益。

禁止投标人以向招标人或者评标委员会成员行贿的手段谋取中标。

第三十三条　投标人不得以低于成本的报价竞标，也不得以他人名义投标或者以其他方式弄虚作假，骗取中标。

第四章　开标、评标和中标

第三十四条　开标应当在招标文件确定的提交投标文件截止时间的同一时间公开进行；开标地点应当为招标文件中预先确定的地点。

第三十五条　开标由招标人主持，邀请所有投标人参加。

第三十六条　开标时，由投标人或者其推选的代表检查投标文件的密封情况，也可以由招标人委托的公证机构检查并公证；经确认无误后，由工作人员当众拆封，宣读投标人名称、投标价格和投标文件的其他主要内容。

招标人在招标文件要求提交投标文件的截止时间前收到的所有投标文件，开标时都应当当众予以拆封、宣读。

开标过程应当记录，并存档备查。

第三十七条　评标由招标人依法组建的评标委员会负责。

依法必须进行招标的项目，其评标委员会由招标人的代表和有关技术、经济等方面的专家组成，成员人数为五人以上单数，其中技术、经济等方面的专家不得少于成员总数的三分之二。

前款专家应当从事相关领域工作满八年并具有高级职称或者具有同等专业水平，由招标人从国务院有关部门或者省、自治区、直辖市人民政府有关部门提供的专家名册或者招标代理机构的专家库内的相关专业的专家名单中确定；一般招标项目可以采取随机抽取方式，特殊招标项目可以由招标人直接确定。

与投标人有利害关系的人不得进入相关项目的评标委员会；已经进入的应当更换。

评标委员会成员的名单在中标结果确定前应当保密。

第三十八条 招标人应当采取必要的措施，保证评标在严格保密的情况下进行。

任何单位和个人不得非法干预、影响评标的过程和结果。

第三十九条 评标委员会可以要求投标人对投标文件中含义不明确的内容作必要的澄清或者说明，但是澄清或者说明不得超出投标文件的范围或者改变投标文件的实质性内容。

第四十条 评标委员会应当按照招标文件确定的评标标准和方法，对投标文件进行评审和比较；设有标底的，应当参考标底。评标委员会完成评标后，应当向招标人提出书面评标报告，并推荐合格的中标候选人。

招标人根据评标委员会提出的书面评标报告和推荐的中标候选人确定中标人。招标人也可以授权评标委员会直接确定中标人。

国务院对特定招标项目的评标有特别规定的，从其规定。

第四十一条 中标人的投标应当符合下列条件之一：

（一）能够最大限度地满足招标文件中规定的各项综合评价标准；

（二）能够满足招标文件的实质性要求，并且经评审的投标价格最低；但是投标价格低于成本的除外。

第四十二条 评标委员会经评审，认为所有投标都不符合招标文件要求的，可以否决所有投标。

依法必须进行招标的项目的所有投标被否决的，招标人应当依照本法重新招标。

第四十三条 在确定中标人前，招标人不得与投标人就投标价格、投标方案等实质性内容进行谈判。

第四十四条 评标委员会成员应当客观、公正地履行职务，遵守职业道德，对所提出的评审意见承担个人责任。

评标委员会成员不得私下接触投标人，不得收受投标人的财物或者其他好处。

评标委员会成员和参与评标的有关工作人员不得透露对投标文件的评审和比较、中标候选人的推荐情况以及与评标有关的其他情况。

第四十五条 中标人确定后，招标人应当向中标人发出中标通知书，并同时将中标结果通知所有未中标的投标人。

中标通知书对招标人和中标人具有法律效力。中标通知书发出后，招标人改变中标结果的，或者中标人放弃中标项目的，应当依法承担法律责任。

第四十六条 招标人和中标人应当自中标通知书发出之日起三十日内，按照招标文件和中标人的投标文件订立书面合同。招标人和中标人不得再行订立背离合同实质性内容的其他协议。

招标文件要求中标人提交履约保证金的，中标人应当提交。

第四十七条 依法必须进行招标的项目，招标人应当自确定中标人之日起十五日内，向有关行政监督部门提交招标投标情况的书面报告。

第四十八条 中标人应当按照合同约定履行义务，完成中标项目。中标人不得向他人转让中标项目，也不得将中标项目肢解后分别向他人转让。

中标人按照合同约定或者经招标人同意，可以将中标项目的部分非主体、非关键性工作分包给他人完成。接受分包的人应当具备相应的资格条件，并不得再次分包。

中标人应当就分包项目向招标人负责，接受分包的人就分包项目承担连带责任。

第五章 法律责任

第四十九条 违反本法规定，必须进行招标的项目而不招标的，将必须进行招标的项目化整为零或者以其他任何方式规避招标的，责令限期改正，可以处项目合同金额千分之五以上千分之十以下的罚款；对全部或者部分使用国有资金的项目，可以暂停项目执行或者暂停资金拨付；对单位直接负责的主管人员和其他直接责任人员依法给予处分。

第五十条　招标代理机构违反本法规定，泄露应当保密的与招标投标活动有关的情况和资料的，或者与招标人、投标人串通损害国家利益、社会公共利益或者他人合法权益的，处五万元以上二十五万元以下的罚款，对单位直接负责的主管人员和其他直接责任人员处单位罚款数额百分之五以上百分之十以下的罚款；有违法所得的，并处没收违法所得；情节严重的，暂停直至取消招标代理资格；构成犯罪的，依法追究刑事责任。给他人造成损失的，依法承担赔偿责任。

前款所列行为影响中标结果的，中标无效。

第五十一条　招标人以不合理的条件限制或者排斥潜在投标人的，对潜在投标人实行歧视待遇的，强制要求投标人组成联合体共同投标的，或者限制投标人之间竞争的，责令改正，可以处一万元以上五万元以下的罚款。

第五十二条　依法必须进行招标的项目的招标人向他人透露已获取招标文件的潜在投标人的名称、数量或者可能影响公平竞争的有关招标投标的其他情况的，或者泄露标底的，给予警告，可以并处一万元以上十万元以下的罚款；对单位直接负责的主管人员和其他直接责任人员依法给予处分；构成犯罪的，依法追究刑事责任。

前款所列行为影响中标结果的，中标无效。

第五十三条　投标人相互串通投标或者与招标人串通投标的，投标人以向招标人或者评标委员会成员行贿的手段谋取中标的，中标无效，处中标项目金额千分之五以上千分之十以下的罚款，对单位直接负责的主管人员和其他直接责任人员处单位罚款数额百分之五以上百分之十以下的罚款；有违法所得的，并处没收违法所得；情节严重的，取消其一年至二年内参加依法必须进行招标的项目的投标资格并予以公告，直至由工商行政管理机关吊销营业执照；构成犯罪的，依法追究刑事责任。给他人造成损失的，依法承担赔偿责任。

第五十四条　投标人以他人名义投标或者以其他方式弄虚作假，骗取中标的，中标无效，给招标人造成损失的，依法承担赔偿责任；构成犯罪的，依法追究刑事责任。

依法必须进行招标的项目的投标人有前款所列行为尚未构成犯罪的，处中标项目金额千分之五以上千分之十以下的罚款，对单位直接负责的主管人员和其他直接责任人员处单位罚款数额百分之五以上百分之十以下的罚款；有违法所得的，并处没收违法所得；情节严重的，取消其一年至三年内参加依法必须进行招标的项目的投标资格并予以公告，直至由工商行政管理机关吊销营业执照。

第五十五条　依法必须进行招标的项目，招标人违反本法规定，与投标人就投标价格、投标方案等实质性内容进行谈判的，给予警告，对单位直接负责的主管人员和其他直接责任人员依法给予处分。

前款所列行为影响中标结果的，中标无效。

第五十六条　评标委员会成员收受投标人的财物或者其他好处的，评标委员会成员或者参加评标的有关工作人员向他人透露对投标文件的评审和比较、中标候选人的推荐以及与评标有关的其他情况的，给予警告，没收收受的财物，可以并处三千元以上五万元以下的罚款，对有所列违法行为的评标委员会成员取消担任评标委员会成员的资格，不得再参加任何依法必须进行招标的项目的评标；构成犯罪的，依法追究刑事责任。

第五十七条　招标人在评标委员会依法推荐的中标候选人以外确定中标人的，依法必须进行招标的项目在所有投标被评标委员会否决后自行确定中标人的，中标无效。责令改正，可以处中标项目金额千分之五以上千分之十以下的罚款；对单位直接负责的主管人员和其他直接责任人员依法给予处分。

第五十八条　中标人将中标项目转让给他人的，将中标项目肢解后分别转让给他人的，违反本法规定将中标项目的部分主体、关键性工作分包给他人的，或者分包人再次分包的，转让、分包无效，处转让、分包项目金额千分之五以上千分之十以下的罚款；有违法所得的，并处没收违法所得；可以责令停业整顿；情节严重的，由工商行政管理机关吊销营业执照。

第五十九条　招标人与中标人不按照招标文件和中标人的投标文件订立合同的，或者招标人、中标人订立背离合同实质性内容的协议的，责令改正；可以处中标项目金额千分之五以上千分之十以下的罚款。

第六十条　中标人不履行与招标人订立的合同的，履约保证金不予退还，给招标人造成的损失超过履约保证金数额的，还应当对超过部分予以赔偿；没有提交履约保证金的，应当对招标人的损失承担赔偿责任。

中标人不按照与招标人订立的合同履行义务，情节严重的，取消其二年至五年内参加依法必须进行招标的项目的投标资格并予以公告，直至由工商行政管理机关吊销营业执照。

因不可抗力不能履行合同的，不适用前两款规定。

第六十一条　本章规定的行政处罚，由国务院规定的有关行政监督部门决定。本法已对实施行政处罚的机关作出规定的除外。

第六十二条　任何单位违反本法规定，限制或者排斥本地区、本系统以外的法人或者其他组织参加投标的，为招标人指定招标代理机构的，强制招标人委托招标代理机构办理招标事宜的，或者以其他方式干涉招标投标活动的，责令改正；对单位直接负责的主管人员和其他直接责任人员依法给予警告、记过、记大过的处分，情节较重的，依法给予降级、撤职、开除的处分。

个人利用职权进行前款违法行为的，依照前款规定追究责任。

第六十三条　对招标投标活动依法负有行政监督职责的国家机关工作人员徇私舞弊、滥用职权或者玩忽职守，构成犯罪的，依法追究刑事责任；不构成犯罪的，依法给予行政处分。

第六十四条　依法必须进行招标的项目违反本法规定，中标无效的，应当依照本法规定的中标条件从其余投标人中重新确定中标人或者依照本法重新进行招标。

第六章　附　则

第六十五条　投标人和其他利害关系人认为招标投标活动不符合本法有关规定的，有权向招标人提出异议或者依法向有关行政监督部门投诉。

第六十六条　涉及国家安全、国家秘密、抢险救灾或者属于利用扶贫资金实行以工代赈、需要使用农民工等特殊情况，不适宜进行招标的项目，按照国家有关规定可以不进行招标。

第六十七条　使用国际组织或者外国政府贷款、援助资金的项目进行招标，贷款方、资金提供方对招标投标的具体条件和程序有不同规定的，可以适用其规定，但违背中华人民共和国的社会公共利益的除外。

第六十八条　本法自 2000 年 1 月 1 日起施行。

附录五

中华人民共和国招标投标法实施条例

（2011 年 11 月 30 日国务院第 183 次常务会议通过，中华人民共和国国务院令第 613 号公布，自 2012 年 2 月 1 日起施行）

第一章　总　则

第一条　为了规范招标投标活动，根据《中华人民共和国招标投标法》（以下简称招标投标法），制定本条例。

第二条　招标投标法第三条所称工程建设项目，是指工程以及与工程建设有关的货物、服务。

前款所称工程，是指建设工程，包括建筑物和构筑物的新建、改建、扩建及其相关的装修、拆除、修缮等；所称与工程建设有关的货物，是指构成工程不可分割的组成部分，且为实现工程基本功能所必需的设备、材料等；所称与工程建设有关的服务，是指为完成工程所需的勘察、设计、监理等服务。

第三条　依法必须进行招标的工程建设项目的具体范围和规模标准，由国务院发展改革部门会同国务院有关部门制订，报国务院批准后公布施行。

第四条　国务院发展改革部门指导和协调全国招标投标工作，对国家重大建设项目的工程招标投标活动实施监督检查。国务院工业和信息化、住房城乡建设、交通运输、铁道、水利、商务等部门，按照规定的职责分工对有关招标投标活动实施监督。

县级以上地方人民政府发展改革部门指导和协调本行政区域的招标投标工作。县级以上地方人民政府有关部门按照规定的职责分工，对招标投标活动实施监督，依法查处招标投标活动中的违法行为。县级以上地方人民政府对其所属部门有关招标投标活动的监督职责分工另有规定的，从其规定。

财政部门依法对实行招标投标的政府采购工程建设项目的预算执行情况和政府采购政策执行情况实施监督。

监察机关依法对与招标投标活动有关的监察对象实施监察。

第五条　设区的市级以上地方人民政府可以根据实际需要，建立统一规范的招标投标交易场所，为招标投标活动提供服务。招标投标交易场所不得与行政监督部门存在隶属关系，不得以营利为目的。

国家鼓励利用信息网络进行电子招标投标。

第六条　禁止国家工作人员以任何方式非法干涉招标投标活动。

第二章　招　标

第七条　按照国家有关规定需要履行项目审批、核准手续的依法必须进行招标的项目，其招标范围、招标方式、招标组织形式应当报项目审批、核准部门审批、核准。项目审批、核准部门应当及时将审批、核准确定的招标范围、招标方式、招标组织形式通报有关行政监督部门。

第八条　国有资金占控股或者主导地位的依法必须进行招标的项目，应当公开招标；但有下列情形之一的，可以邀请招标：

（一）技术复杂、有特殊要求或者受自然环境限制，只有少量潜在投标人可供选择；

（二）采用公开招标方式的费用占项目合同金额的比例过大。

有前款第二项所列情形，属于本条例第七条规定的项目，由项目审批、核准部门在审批、核准项目时作出认定；其他项目由招标人申请有关行政监督部门作出认定。

第九条 除招标投标法第六十六条规定的可以不进行招标的特殊情况外，有下列情形之一的，可以不进行招标：

（一）需要采用不可替代的专利或者专有技术；

（二）采购人依法能够自行建设、生产或者提供；

（三）已通过招标方式选定的特许经营项目投资人依法能够自行建设、生产或者提供；

（四）需要向原中标人采购工程、货物或者服务，否则将影响施工或者功能配套要求；

（五）国家规定的其他特殊情形。

招标人为适用前款规定弄虚作假的，属于招标投标法第四条规定的规避招标。

第十条 招标投标法第十二条第二款规定的招标人具有编制招标文件和组织评标能力，是指招标人具有与招标项目规模和复杂程度相适应的技术、经济等方面的专业人员。

第十一条 招标代理机构的资格依照法律和国务院的规定由有关部门认定。

国务院住房城乡建设、商务、发展改革、工业和信息化等部门，按照规定的职责分工对招标代理机构依法实施监督管理。

第十二条 招标代理机构应当拥有一定数量的取得招标职业资格的专业人员。取得招标职业资格的具体办法由国务院人力资源社会保障部门会同国务院发展改革部门制定。

第十三条 招标代理机构在其资格许可和招标人委托的范围内开展招标代理业务，任何单位和个人不得非法干涉。

招标代理机构代理招标业务，应当遵守招标投标法和本条例关于招标人的规定。招标代理机构不得在所代理的招标项目中投标或者代理投标，也不得为所代理的招标项目的投标人提供咨询。

招标代理机构不得涂改、出租、出借、转让资格证书。

第十四条 招标人应当与被委托的招标代理机构签订书面委托合同，合同约定的收费标准应当符合国家有关规定。

第十五条 公开招标的项目，应当依照招标投标法和本条例的规定发布招标公告、编制招标文件。

招标人采用资格预审办法对潜在投标人进行资格审查的，应当发布资格预审公告、编制资格预审文件。

依法必须进行招标的项目的资格预审公告和招标公告，应当在国务院发展改革部门依法指定的媒介发布。在不同媒介发布的同一招标项目的资格预审公告或者招标公告的内容应当一致。指定媒介发布依法必须进行招标的项目的境内资格预审公告、招标公告，不得收取费用。

编制依法必须进行招标的项目的资格预审文件和招标文件，应当使用国务院发展改革部门会同有关行政监督部门制定的标准文本。

第十六条 招标人应当按照资格预审公告、招标公告或者投标邀请书规定的时间、地点发售资格预审文件或者招标文件。资格预审文件或者招标文件的发售期不得少于 5 日。

招标人发售资格预审文件、招标文件收取的费用应当限于补偿印刷、邮寄的成本支出，不得以营利为目的。

第十七条 招标人应当合理确定提交资格预审申请文件的时间。依法必须进行招标的项目提交资格预审申请文件的时间，自资格预审文件停止发售之日起不得少于 5 日。

第十八条 资格预审应当按照资格预审文件载明的标准和方法进行。

国有资金占控股或者主导地位的依法必须进行招标的项目，招标人应当组建资格审查委员会审查资格预审申请文件。资格审查委员会及其成员应当遵守招标投标法和本条例有关评标委员会及其成员的规定。

第十九条 资格预审结束后，招标人应当及时向资格预审申请人发出资格预审结果通知书。未通过资格预审的申请人不具有投标资格。

通过资格预审的申请人少于 3 个的，应当重新招标。

第二十条　招标人采用资格后审办法对投标人进行资格审查的,应当在开标后由评标委员会按照招标文件规定的标准和方法对投标人的资格进行审查。

第二十一条　招标人可以对已发出的资格预审文件或者招标文件进行必要的澄清或者修改。澄清或者修改的内容可能影响资格预审申请文件或者投标文件编制的,招标人应当在提交资格预审申请文件截止时间至少3日前,或者投标截止时间至少15日前,以书面形式通知所有获取资格预审文件或者招标文件的潜在投标人;不足3日或者15日的,招标人应当顺延提交资格预审申请文件或者投标文件的截止时间。

第二十二条　潜在投标人或者其他利害关系人对资格预审文件有异议的,应当在提交资格预审申请文件截止时间2日前提出;对招标文件有异议的,应当在投标截止时间10日前提出。招标人应当自收到异议之日起3日内作出答复;作出答复前,应当暂停招标投标活动。

第二十三条　招标人编制的资格预审文件、招标文件的内容违反法律、行政法规的强制性规定,违反公开、公平、公正和诚实信用原则,影响资格预审结果或者潜在投标人投标的,依法必须进行招标的项目的招标人应当在修改资格预审文件或者招标文件后重新招标。

第二十四条　招标人对招标项目划分标段的,应当遵守招标投标法的有关规定,不得利用划分标段限制或者排斥潜在投标人。依法必须进行招标的项目的招标人不得利用划分标段规避招标。

第二十五条　招标人应当在招标文件中载明投标有效期。投标有效期从提交投标文件的截止之日起算。

第二十六条　招标人在招标文件中要求投标人提交投标保证金的,投标保证金不得超过招标项目估算价的2%。投标保证金有效期应当与投标有效期一致。

依法必须进行招标的项目的境内投标单位,以现金或者支票形式提交的投标保证金应当从其基本账户转出。

招标人不得挪用投标保证金。

第二十七条　招标人可以自行决定是否编制标底。一个招标项目只能有一个标底。标底必须保密。

接受委托编制标底的中介机构不得参加受托编制标底项目的投标,也不得为该项目的投标人编制投标文件或者提供咨询。

招标人设有最高投标限价的,应当在招标文件中明确最高投标限价或者最高投标限价的计算方法。招标人不得规定最低投标限价。

第二十八条　招标人不得组织单个或者部分潜在投标人踏勘项目现场。

第二十九条　招标人可以依法对工程以及与工程建设有关的货物、服务全部或者部分实行总承包招标。以暂估价形式包括在总承包范围内的工程、货物、服务属于依法必须进行招标的项目范围且达到国家规定规模标准的,应当依法进行招标。

前款所称暂估价,是指总承包招标时不能确定价格而由招标人在招标文件中暂时估定的工程、货物、服务的金额。

第三十条　对技术复杂或者无法精确拟定技术规格的项目,招标人可以分两阶段进行招标。

第一阶段,投标人按照招标公告或者投标邀请书的要求提交不带报价的技术建议,招标人根据投标人提交的技术建议确定技术标准和要求,编制招标文件。

第二阶段,招标人向在第一阶段提交技术建议的投标人提供招标文件,投标人按照招标文件的要求提交包括最终技术方案和投标报价的投标文件。

招标人要求投标人提交投标保证金的,应当在第二阶段提出。

第三十一条　招标人终止招标的,应当及时发布公告,或者以书面形式通知被邀请的或者已经获取资格预审文件、招标文件的潜在投标人。已经发售资格预审文件、招标文件或者已经收取投标保证金的,招标人应当及时退还所收取的资格预审文件、招标文件的费用,以及所收取的投标保证金及银行同期存款利息。

第三十二条 招标人不得以不合理的条件限制、排斥潜在投标人或者投标人。

招标人有下列行为之一的，属于以不合理条件限制、排斥潜在投标人或者投标人：

（一）就同一招标项目向潜在投标人或者投标人提供有差别的项目信息；

（二）设定的资格、技术、商务条件与招标项目的具体特点和实际需要不相适应或者与合同履行无关；

（三）依法必须进行招标的项目以特定行政区域或者特定行业的业绩、奖项作为加分条件或者中标条件；

（四）对潜在投标人或者投标人采取不同的资格审查或者评标标准；

（五）限定或者指定特定的专利、商标、品牌、原产地或者供应商；

（六）依法必须进行招标的项目非法限定潜在投标人或者投标人的所有制形式或者组织形式；

（七）以其他不合理条件限制、排斥潜在投标人或者投标人。

第三章 投 标

第三十三条 投标人参加依法必须进行招标的项目的投标，不受地区或者部门的限制，任何单位和个人不得非法干涉。

第三十四条 与招标人存在利害关系可能影响招标公正性的法人、其他组织或者个人，不得参加投标。

单位负责人为同一人或者存在控股、管理关系的不同单位，不得参加同一标段投标或者未划分标段的同一招标项目投标。

违反前两款规定的，相关投标均无效。

第三十五条 投标人撤回已提交的投标文件，应当在投标截止时间前书面通知招标人。招标人已收取投标保证金的，应当自收到投标人书面撤回通知之日起5日内退还。

投标截止后投标人撤销投标文件的，招标人可以不退还投标保证金。

第三十六条 未通过资格预审的申请人提交的投标文件，以及逾期送达或者不按照招标文件要求密封的投标文件，招标人应当拒收。

招标人应当如实记载投标文件的送达时间和密封情况，并存档备查。

第三十七条 招标人应当在资格预审公告、招标公告或者投标邀请书中载明是否接受联合体投标。

招标人接受联合体投标并进行资格预审的，联合体应当在提交资格预审申请文件前组成。资格预审后联合体增减、更换成员的，其投标无效。

联合体各方在同一招标项目中以自己名义单独投标或者参加其他联合体投标的，相关投标均无效。

第三十八条 投标人发生合并、分立、破产等重大变化的，应当及时书面告知招标人。投标人不再具备资格预审文件、招标文件规定的资格条件或者其投标影响招标公正性的，其投标无效。

第三十九条 禁止投标人相互串通投标。

有下列情形之一的，属于投标人相互串通投标：

（一）投标人之间协商投标报价等投标文件的实质性内容；

（二）投标人之间约定中标人；

（三）投标人之间约定部分投标人放弃投标或者中标；

（四）属于同一集团、协会、商会等组织成员的投标人按照该组织要求协同投标；

（五）投标人之间为谋取中标或者排斥特定投标人而采取的其他联合行动。

第四十条 有下列情形之一的，视为投标人相互串通投标：

（一）不同投标人的投标文件由同一单位或者个人编制；

（二）不同投标人委托同一单位或者个人办理投标事宜；

（三）不同投标人的投标文件载明的项目管理成员为同一人；

（四）不同投标人的投标文件异常一致或者投标报价呈规律性差异；

（五）不同投标人的投标文件相互混装；

（六）不同投标人的投标保证金从同一单位或者个人的账户转出。

第四十一条 禁止招标人与投标人串通投标。

有下列情形之一的，属于招标人与投标人串通投标：

（一）招标人在开标前开启投标文件并将有关信息泄露给其他投标人；

（二）招标人直接或者间接向投标人泄露标底、评标委员会成员等信息；

（三）招标人明示或者暗示投标人压低或者抬高投标报价；

（四）招标人授意投标人撤换、修改投标文件；

（五）招标人明示或者暗示投标人为特定投标人中标提供方便；

（六）招标人与投标人为谋求特定投标人中标而采取的其他串通行为。

第四十二条 使用通过受让或者租借等方式获取的资格、资质证书投标的，属于招标投标法第三十三条规定的以他人名义投标。

投标人有下列情形之一的，属于招标投标法第三十三条规定的以其他方式弄虚作假的行为：

（一）使用伪造、变造的许可证件；

（二）提供虚假的财务状况或者业绩；

（三）提供虚假的项目负责人或者主要技术人员简历、劳动关系证明；

（四）提供虚假的信用状况；

（五）其他弄虚作假的行为。

第四十三条 提交资格预审申请文件的申请人应当遵守招标投标法和本条例有关投标人的规定。

第四章 开标、评标和中标

第四十四条 招标人应当按照招标文件规定的时间、地点开标。

投标人少于 3 个的，不得开标；招标人应当重新招标。

投标人对开标有异议的，应当在开标现场提出，招标人应当当场作出答复，并制作记录。

第四十五条 国家实行统一的评标专家专业分类标准和管理办法。具体标准和办法由国务院发展改革部门会同国务院有关部门制定。

省级人民政府和国务院有关部门应当组建综合评标专家库。

第四十六条 除招标投标法第三十七条第三款规定的特殊招标项目外，依法必须进行招标的项目，其评标委员会的专家成员应当从评标专家库内相关专业的专家名单中以随机抽取方式确定。任何单位和个人不得以明示、暗示等任何方式指定或者变相指定参加评标委员会的专家成员。

依法必须进行招标的项目的招标人非因招标投标法和本条例规定的事由，不得更换依法确定的评标委员会成员。更换评标委员会的专家成员应当依照前款规定进行。

评标委员会成员与投标人有利害关系的，应当主动回避。

有关行政监督部门应当按照规定的职责分工，对评标委员会成员的确定方式、评标专家的抽取和评标活动进行监督。行政监督部门的工作人员不得担任本部门负责监督项目的评标委员会成员。

第四十七条 招标投标法第三十七条第三款所称特殊招标项目，是指技术复杂、专业性强或者国家有特殊要求，采取随机抽取方式确定的专家难以保证胜任评标工作的项目。

第四十八条 招标人应当向评标委员会提供评标所必需的信息，但不得明示或者暗示其倾向或者排斥特定投标人。

招标人应当根据项目规模和技术复杂程度等因素合理确定评标时间。超过三分之一的评标委员会成员认为评标时间不够的，招标人应当适当延长。

评标过程中，评标委员会成员有回避事由、擅离职守或者因健康等原因不能继续评标的，应当及时更换。被更换的评标委员会成员作出的评审结论无效，由更换后的评标委员会成员重新进行评审。

第四十九条 评标委员会成员应当依照招标投标法和本条例的规定，按照招标文件规定的评标标准和方法，客观、公正地对投标文件提出评审意见。招标文件没有规定的评标标准和方法不得作为评标的依据。

评标委员会成员不得私下接触投标人，不得收受投标人给予的财物或者其他好处，不得向招标人征询确定中标人的意向，不得接受任何单位或者个人明示或者暗示提出的倾向或者排斥特定投标人的要求，不得有其他不客观、不公正履行职务的行为。

第五十条 招标项目设有标底的，招标人应当在开标时公布。标底只能作为评标的参考，不得以投标报价是否接近标底作为中标条件，也不得以投标报价超过标底上下浮动范围作为否决投标的条件。

第五十一条 有下列情形之一的，评标委员会应当否决其投标：

（一）投标文件未经投标单位盖章和单位负责人签字；

（二）投标联合体没有提交共同投标协议；

（三）投标人不符合国家或者招标文件规定的资格条件；

（四）同一投标人提交两个以上不同的投标文件或者投标报价，但招标文件要求提交备选投标的除外；

（五）投标报价低于成本或者高于招标文件设定的最高投标限价；

（六）投标文件没有对招标文件的实质性要求和条件作出响应；

（七）投标人有串通投标、弄虚作假、行贿等违法行为。

第五十二条 投标文件中有含义不明确的内容、明显文字或者计算错误，评标委员会认为需要投标人作出必要澄清、说明的，应当书面通知该投标人。投标人的澄清、说明应当采用书面形式，并不得超出投标文件的范围或者改变投标文件的实质性内容。

评标委员会不得暗示或者诱导投标人作出澄清、说明，不得接受投标人主动提出的澄清、说明。

第五十三条 评标完成后，评标委员会应当向招标人提交书面评标报告和中标候选人名单。中标候选人应当不超过3个，并标明排序。

评标报告应当由评标委员会全体成员签字。对评标结果有不同意见的评标委员会成员应当以书面形式说明其不同意见和理由，评标报告应当注明该不同意见。评标委员会成员拒绝在评标报告上签字又不书面说明其不同意见和理由的，视为同意评标结果。

第五十四条 依法必须进行招标的项目，招标人应当自收到评标报告之日起3日内公示中标候选人，公示期不得少于3日。

投标人或者其他利害关系人对依法必须进行招标的项目的评标结果有异议的，应当在中标候选人公示期间提出。招标人应当自收到异议之日起3日内作出答复；作出答复前，应当暂停招标投标活动。

第五十五条 国有资金占控股或者主导地位的依法必须进行招标的项目，招标人应当确定排名第一的中标候选人为中标人。排名第一的中标候选人放弃中标、因不可抗力不能履行合同、不按照招标文件要求提交履约保证金，或者被查实存在影响中标结果的违法行为等情形，不符合中标条件的，招标人可以按照评标委员会提出的中标候选人名单排序依次确定其他中标候选人为中标人，也可以重新招标。

第五十六条 中标候选人的经营、财务状况发生较大变化或者存在违法行为，招标人认为可能影响其履约能力的，应当在发出中标通知书前由原评标委员会按照招标文件规定的标准和方法审查确认。

第五十七条 招标人和中标人应当依照招标投标法和本条例的规定签订书面合同，合同的标的、价款、质量、履行期限等主要条款应当与招标文件和中标人的投标文件的内容一致。招标人和中标人不得再行订立背离合同实质性内容的其他协议。

招标人最迟应当在书面合同签订后5日内向中标人和未中标的投标人退还投标保证金及银行同期存款利息。

第五十八条 招标文件要求中标人提交履约保证金的，中标人应当按照招标文件的要求提交。履约保证金不得超过中标合同金额的 10%。

第五十九条　中标人应当按照合同约定履行义务，完成中标项目。中标人不得向他人转让中标项目，也不得将中标项目肢解后分别向他人转让。

中标人按照合同约定或者经招标人同意，可以将中标项目的部分非主体、非关键性工作分包给他人完成。接受分包的人应当具备相应的资格条件，并不得再次分包。

中标人应当就分包项目向招标人负责，接受分包的人就分包项目承担连带责任。

第五章　投诉与处理

第六十条　投标人或者其他利害关系人认为招标投标活动不符合法律、行政法规规定的，可以自知道或者应当知道之日起 10 日内向有关行政监督部门投诉。投诉应当有明确的请求和必要的证明材料。

就本条例第二十二条、第四十四条、第五十四条规定事项投诉的，应当先向招标人提出异议，异议答复期间不计算在前款规定的期限内。

第六十一条　投诉人就同一事项向两个以上有权受理的行政监督部门投诉的，由最先收到投诉的行政监督部门负责处理。

行政监督部门应当自收到投诉之日起 3 个工作日内决定是否受理投诉，并自受理投诉之日起 30 个工作日内作出书面处理决定；需要检验、检测、鉴定、专家评审的，所需时间不计算在内。

投诉人捏造事实、伪造材料或者以非法手段取得证明材料进行投诉的，行政监督部门应当予以驳回。

第六十二条　行政监督部门处理投诉，有权查阅、复制有关文件、资料，调查有关情况，相关单位和人员应当予以配合。必要时，行政监督部门可以责令暂停招标投标活动。

行政监督部门的工作人员对监督检查过程中知悉的国家秘密、商业秘密，应当依法予以保密。

第六章　法律责任

第六十三条　招标人有下列限制或者排斥潜在投标人行为之一的，由有关行政监督部门依照招标投标法第五十一条的规定处罚：

（一）依法应当公开招标的项目不按照规定在指定媒介发布资格预审公告或者招标公告；

（二）在不同媒介发布的同一招标项目的资格预审公告或者招标公告的内容不一致，影响潜在投标人申请资格预审或者投标。

依法必须进行招标的项目的招标人不按照规定发布资格预审公告或者招标公告，构成规避招标的，依照招标投标法第四十九条的规定处罚。

第六十四条　招标人有下列情形之一的，由有关行政监督部门责令改正，可以处 10 万元以下的罚款：

（一）依法应当公开招标而采用邀请招标；

（二）招标文件、资格预审文件的发售、澄清、修改的时限，或者确定的提交资格预审申请文件、投标文件的时限不符合招标投标法和本条例规定；

（三）接受未通过资格预审的单位或者个人参加投标；

（四）接受应当拒收的投标文件。

招标人有前款第一项、第三项、第四项所列行为之一的，对单位直接负责的主管人员和其他直接责任人员依法给予处分。

第六十五条　招标代理机构在所代理的招标项目中投标、代理投标或者向该项目投标人提供咨询的，接受委托编制标底的中介机构参加受托编制标底项目的投标或者为该项目的投标人编制投标文件、提供咨询的，依照招标投标法第五十条的规定追究法律责任。

第六十六条　招标人超过本条例规定的比例收取投标保证金、履约保证金或者不按照规定退还投标保证金及银行同期存款利息的，由有关行政监督部门责令改正，可以处 5 万元以下的罚款；给他人造成损失的，依法承担赔偿责任。

第六十七条 投标人相互串通投标或者与招标人串通投标的，投标人向招标人或者评标委员会成员行贿谋取中标的，中标无效；构成犯罪的，依法追究刑事责任；尚不构成犯罪的，依照招标投标法第五十三条的规定处罚。投标人未中标的，对单位的罚款金额按照招标项目合同金额依照招标投标法规定的比例计算。

投标人有下列行为之一的，属于招标投标法第五十三条规定的情节严重行为，由有关行政监督部门取消其1年至2年内参加依法必须进行招标的项目的投标资格：

（一）以行贿谋取中标；

（二）3年内2次以上串通投标；

（三）串通投标行为损害招标人、其他投标人或者国家、集体、公民的合法利益，造成直接经济损失30万元以上；

（四）其他串通投标情节严重的行为。

投标人自本条第二款规定的处罚执行期限届满之日起3年内又有该款所列违法行为之一的，或者串通投标、以行贿谋取中标情节特别严重的，由工商行政管理机关吊销营业执照。

法律、行政法规对串通投标报价行为的处罚另有规定的，从其规定。

第六十八条 投标人以他人名义投标或者以其他方式弄虚作假骗取中标的，中标无效；构成犯罪的，依法追究刑事责任；尚不构成犯罪的，依照招标投标法第五十四条的规定处罚。依法必须进行招标的项目的投标人未中标的，对单位的罚款金额按照招标项目合同金额依照招标投标法规定的比例计算。

投标人有下列行为之一的，属于招标投标法第五十四条规定的情节严重行为，由有关行政监督部门取消其1年至3年内参加依法必须进行招标的项目的投标资格：

（一）伪造、变造资格、资质证书或者其他许可证件骗取中标；

（二）3年内2次以上使用他人名义投标；

（三）弄虚作假骗取中标给招标人造成直接经济损失30万元以上；

（四）其他弄虚作假骗取中标情节严重的行为。

投标人自本条第二款规定的处罚执行期限届满之日起3年内又有该款所列违法行为之一的，或者弄虚作假骗取中标情节特别严重的，由工商行政管理机关吊销营业执照。

第六十九条 出让或者出租资格、资质证书供他人投标的，依照法律、行政法规的规定给予行政处罚；构成犯罪的，依法追究刑事责任。

第七十条 依法必须进行招标的项目的招标人不按照规定组建评标委员会，或者确定、更换评标委员会成员违反招标投标法和本条例规定的，由有关行政监督部门责令改正，可以处10万元以下的罚款，对单位直接负责的主管人员和其他直接责任人员依法给予处分；违法确定或者更换的评标委员会成员作出的评审结论无效，依法重新进行评审。

国家工作人员以任何方式非法干涉选取评标委员会成员的，依照本条例第八十一条的规定追究法律责任。

第七十一条 评标委员会成员有下列行为之一的，由有关行政监督部门责令改正；情节严重的，禁止其在一定期限内参加依法必须进行招标的项目的评标；情节特别严重的，取消其担任评标委员会成员的资格：

（一）应当回避而不回避；

（二）擅离职守；

（三）不按照招标文件规定的评标标准和方法评标；

（四）私下接触投标人；

（五）向招标人征询确定中标人的意向或者接受任何单位或者个人明示或者暗示提出的倾向或者排斥特定投标人的要求；

（六）对依法应当否决的投标不提出否决意见；

（七）暗示或者诱导投标人作出澄清、说明或者接受投标人主动提出的澄清、说明；

（八）其他不客观、不公正履行职务的行为。

第七十二条 评标委员会成员收受投标人的财物或者其他好处的，没收收受的财物，处3000元以上5万元以下的罚款，取消担任评标委员会成员的资格，不得再参加依法必须进行招标的项目的评标；构成犯罪的，依法追究刑事责任。

第七十三条 依法必须进行招标的项目的招标人有下列情形之一的，由有关行政监督部门责令改正，可以处中标项目金额10‰以下的罚款；给他人造成损失的，依法承担赔偿责任；对单位直接负责的主管人员和其他直接责任人员依法给予处分：

（一）无正当理由不发出中标通知书；

（二）不按照规定确定中标人；

（三）中标通知书发出后无正当理由改变中标结果；

（四）无正当理由不与中标人订立合同；

（五）在订立合同时向中标人提出附加条件。

第七十四条 中标人无正当理由不与招标人订立合同，在签订合同时向招标人提出附加条件，或者不按照招标文件要求提交履约保证金的，取消其中标资格，投标保证金不予退还。对依法必须进行招标的项目的中标人，由有关行政监督部门责令改正，可以处中标项目金额10‰以下的罚款。

第七十五条 招标人和中标人不按照招标文件和中标人的投标文件订立合同，合同的主要条款与招标文件、中标人的投标文件的内容不一致，或者招标人、中标人订立背离合同实质性内容的协议的，由有关行政监督部门责令改正，可以处中标项目金额5‰以上10‰以下的罚款。

第七十六条 中标人将中标项目转让给他人的，将中标项目肢解后分别转让给他人的，违反招标投标法和本条例规定将中标项目的部分主体、关键性工作分包给他人的，或者分包人再次分包的，转让、分包无效，处转让、分包项目金额5‰以上10‰以下的罚款；有违法所得的，并处没收违法所得；可以责令停业整顿；情节严重的，由工商行政管理机关吊销营业执照。

第七十七条 投标人或者其他利害关系人捏造事实、伪造材料或者以非法手段取得证明材料进行投诉，给他人造成损失的，依法承担赔偿责任。

招标人不按照规定对异议作出答复，继续进行招标投标活动的，由有关行政监督部门责令改正，拒不改正或者不能改正并影响中标结果的，依照本条例第八十二条的规定处理。

第七十八条 取得招标职业资格的专业人员违反国家有关规定办理招标业务的，责令改正，给予警告；情节严重的，暂停一定期限内从事招标业务；情节特别严重的，取消招标职业资格。

第七十九条 国家建立招标投标信用制度。有关行政监督部门应当依法公告对招标人、招标代理机构、投标人、评标委员会成员等当事人违法行为的行政处理决定。

第八十条 项目审批、核准部门不依法审批、核准项目招标范围、招标方式、招标组织形式的，对单位直接负责的主管人员和其他直接责任人员依法给予处分。

有关行政监督部门不依法履行职责，对违反招标投标法和本条例规定的行为不依法查处，或者不按照规定处理投诉、不依法公告对招标投标当事人违法行为的行政处理决定的，对直接负责的主管人员和其他直接责任人员依法给予处分。

项目审批、核准部门和有关行政监督部门的工作人员徇私舞弊、滥用职权、玩忽职守，构成犯罪的，依法追究刑事责任。

第八十一条 国家工作人员利用职务便利，以直接或者间接、明示或者暗示等任何方式非法干涉招标投标活动，有下列情形之一的，依法给予记过或者记大过处分；情节严重的，依法给予降级或者撤职处分；情节特别严重的，依法给予开除处分；构成犯罪的，依法追究刑事责任：

（一）要求对依法必须进行招标的项目不招标，或者要求对依法应当公开招标的项目不公开招标；

（二）要求评标委员会成员或者招标人以其指定的投标人作为中标候选人或者中标人，或者以其他方式非法干涉评标活动，影响中标结果；

（三）以其他方式非法干涉招标投标活动。

第八十二条 依法必须进行招标的项目的招标投标活动违反招标投标法和本条例的规定，对中标结果造成实质性影响，且不能采取补救措施予以纠正的，招标、投标、中标无效，应当依法重新招标或者评标。

第七章 附 则

第八十三条 招标投标协会按照依法制定的章程开展活动，加强行业自律和服务。

第八十四条 政府采购的法律、行政法规对政府采购货物、服务的招标投标另有规定的，从其规定。

第八十五条 本条例自 2012 年 2 月 1 日起施行。

最高人民法院
关于适用《中华人民共和国合同法》若干问题的解释(一)

（1999 年 12 月 1 日由最高人民法院审判委员会第 1090 次会议通过，法释［1999］19 号公布，自 1999 年 12 月 29 日起施行）

为了正确审理合同纠纷案件，根据《中华人民共和国合同法》（以下简称合同法）的规定，对人民法院适用合同法的有关问题作出如下解释：

一、法律适用范围

第一条 合同法实施以后成立的合同发生纠纷起诉到人民法院的，适用合同法的规定；合同法实施以前成立的合同发生纠纷起诉到人民法院的，除本解释另有规定的以外，适用当时的法律规定，当时没有法律规定的，可以适用合同法的有关规定。

第二条 合同成立于合同法实施之前，但合同约定的履行期限跨越合同法实施之日或者履行期限在合同法实施之后，因履行合同发生的纠纷，适用合同法第四章的有关规定。

第三条 人民法院确认合同效力时，对合同法实施以前成立的合同，适用当时的法律合同无效而适用合同法合同有效的，则适用合同法。

第四条 合同法实施以后，人民法院确认合同无效，应当以全国人大及其常委会制定的法律和国务院制定的行政法规为依据，不得以地方性法规、行政规章为依据。

第五条 人民法院对合同法实施以前已经作出终审裁决的案件进行再审，不适用合同法。

二、诉讼时效

第六条 技术合同争议当事人的权利受到侵害的事实发生在合同法实施之前，自当事人知道或者应当知道其权利受到侵害之日起至合同法实施之日超过一年的，人民法院不予保护；尚未超过一年的，其提起诉讼的时效期间为二年。

第七条 技术进出口合同争议当事人的权利受到侵害的事实发生在合同法实施之前，自当事人知道或者应当知道其权利受到侵害之日起至合同法施行之日超过二年的，人民法院不予保护；尚未超过二年的，其提起诉讼的时效期间为四年。

第八条 合同法第五十五条规定的"一年"、第七十五条和第一百零四条第二款规定的"五年"为不变期间，不适用诉讼时效中止、中断或者延长的规定。

三、合同效力

第九条 依照合同法第四十四条第二款的规定，法律、行政法规规定合同应当办理批准手续，或者办理批准、登记等手续才生效，在一审法庭辩论终结前当事人仍未办理批准手续的，或者仍未办理批准、登记等手续的，人民法院应当认定该合同未生效；法律、行政法规规定合同应当办理登记手续，但未规定登记后生效的，当事人未办理登记手续不影响合同的效力，合同标的物所有权及其他物权不能转移。

合同法第七十七条第二款、第八十七条、第九十六条第二款所列合同变更、转让、解除等情形，依照前款规定处理。

第十条　当事人超越经营范围订立合同，人民法院不因此认定合同无效。但违反国家限制经营、特许经营以及法律、行政法规禁止经营规定的除外。

四、代位权

第十一条　债权人依照合同法第七十三条的规定提起代位权诉讼，应当符合下列条件：

（一）债权人对债务人的债权合法；

（二）债务人怠于行使其到期债权，对债权人造成损害；

（三）债务人的债权已到期；

（四）债务人的债权不是专属于债务人自身的债权。

第十二条　合同法第七十三条第一款规定的专属于债务人自身的债权，是指基于扶养关系、抚养关系、赡养关系、继承关系产生的给付请求权和劳动报酬、退休金、养老金、抚恤金、安置费、人寿保险、人身伤害赔偿请求权等权利。

第十三条　合同法第七十三条规定的"债务人怠于行使其到期债权，对债权人造成损害的"，是指债务人不履行其对债权人的到期债务，又不以诉讼方式或者仲裁方式向其债务人主张其享有的具有金钱给付内容的到期债权，致使债权人的到期债权未能实现。

次债务人（即债务人的债务人）不认为债务人有怠于行使其到期债权情况的，应当承担举证责任。

第十四条　债权人依照合同法第七十三条的规定提起代位权诉讼的，由被告住所地人民法院管辖。

第十五条　债权人向人民法院起诉债务人以后，又向同一人民法院对次债务人提起代位权诉讼，符合本解释第十四条的规定和《中华人民共和国民事诉讼法》第一百零八条规定的起诉条件的，应当立案受理；不符合本解释第十四条规定的，告知债权人向次债务人住所地人民法院另行起诉。

受理代位权诉讼的人民法院在债权人起诉债务人的诉讼裁决发生法律效力以前，应当依照《中华人民共和国民事诉讼法》第一百三十六条第（五）项的规定中止代位权诉讼。

第十六条　债权人以次债务人为被告向人民法院提起代位权诉讼，未将债务人列为第三人的，人民法院可以追加债务人为第三人。

两个或者两个以上债权人以同一次债务人为被告提起代位权诉讼的，人民法院可以合并审理。

第十七条　在代位权诉讼中，债权人请求人民法院对次债务人的财产采取保全措施的，应当提供相应的财产担保。

第十八条　在代位权诉讼中，次债务人对债务人的抗辩，可以向债权人主张。

债务人在代位权诉讼中对债权人的债权提出异议，经审查异议成立的，人民法院应当裁定驳回债权人的起诉。

第十九条　在代位权诉讼中，债权人胜诉的，诉讼费由次债务人负担，从实现的债权中优先支付。

第二十条　债权人向次债务人提起的代位权诉讼经人民法院审理后认定代位权成立的，由次债务人向债权人履行清偿义务，债权人与债务人、债务人与次债务人之间相应的债权债务关系即予消灭。

第二十一条　在代位权诉讼中，债权人行使代位权的请求数额超过债务人所负债务额或者超过次债务人对债务人所负债务额的，对超出部分人民法院不予支持。

第二十二条　债务人在代位权诉讼中，对超过债权人代位请求数额的债权部分起诉次债务人的，人民法院应当告知其向有管辖权的人民法院另行起诉。

债务人的起诉符合法定条件的，人民法院应当受理；受理债务人起诉的人民法院在代位权诉讼裁决发生法律效力以前，应当依法中止。

五、撤销权

第二十三条　债权人依照合同法第七十四条的规定提起撤销权诉讼的，由被告住所地人民法院管辖。

第二十四条 债权人依照合同法第七十四条的规定提起撤销权诉讼时只以债务人为被告，未将受益人或者受让人列为第三人的，人民法院可以追加该受益人或者受让人为第三人。

第二十五条 债权人依照合同法第七十四条的规定提起撤销权诉讼，请求人民法院撤销债务人放弃债权或转让财产的行为，人民法院应当就债权人主张的部分进行审理，依法撤销的，该行为自始无效。

两个或者两个以上债权人以同一债务人为被告，就同一标的提起撤销权诉讼的，人民法院可以合并审理。

第二十六条 债权人行使撤销权所支付的律师代理费、差旅费等必要费用，由债务人负担；第三人有过错的，应当适当分担。

六、合同转让中的第三人

第二十七条 债权人转让合同权利后，债务人与受让人之间因履行合同发生纠纷诉至人民法院，债务人对债权人的权利提出抗辩的，可以将债权人列为第三人。

第二十八条 经债权人同意，债务人转移合同义务后，受让人与债权人之间因履行合同发生纠纷诉至人民法院，受让人就债务人对债权人的权利提出抗辩的，可以将债务人列为第三人。

第二十九条 合同当事人一方经对方同意将其在合同中的权利义务一并转让给受让人，对方与受让人因履行合同发生纠纷诉至人民法院，对方就合同权利义务提出抗辩的，可以将出让方列为第三人。

七、请求权竞合

第三十条 债权人依照合同法第一百二十二条的规定向人民法院起诉时作出选择后，在一审开庭以前又变更诉讼请求的，人民法院应当准许。对方当事人提出管辖权异议，经审查异议成立的，人民法院应当驳回起诉。

最高人民法院
关于适用《中华人民共和国合同法》若干问题的解释(二)

(2009年2月9日由最高人民法院审判委员会第1462次会议通过,2009年4月24日法释〔2009〕5号公布,自2009年5月13日起施行)

为了正确审理合同纠纷案件,根据《中华人民共和国合同法》的规定,对人民法院适用合同法的有关问题作出如下解释:

一、合同的订立

第一条 当事人对合同是否成立存在争议,人民法院能够确定当事人名称或者姓名、标的和数量的,一般应当认定合同成立。但法律另有规定或者当事人另有约定的除外。

对合同欠缺的前款规定以外的其他内容,当事人达不成协议的,人民法院依照合同法第六十一条、第六十二条、第一百二十五条等有关规定予以确定。

第二条 当事人未以书面形式或者口头形式订立合同,但从双方从事的民事行为能够推定双方有订立合同意愿的,人民法院可以认定是以合同法第十条第一款中的"其他形式"订立的合同。但法律另有规定的除外。

第三条 悬赏人以公开方式声明对完成一定行为的人支付报酬,完成特定行为的人请求悬赏人支付报酬的,人民法院依法予以支持。但悬赏有合同法第五十二条规定情形的除外。

第四条 采用书面形式订立合同,合同约定的签订地与实际签字或者盖章地点不符的,人民法院应当认定约定的签订地为合同签订地;合同没有约定签订地,双方当事人签字或者盖章不在同一地点的,人民法院应当认定最后签字或者盖章的地点为合同签订地。

第五条 当事人采用合同书形式订立合同的,应当签字或者盖章。当事人在合同书上摁手印的,人民法院应当认定其具有与签字或者盖章同等的法律效力。

第六条 提供格式条款的一方对格式条款中免除或者限制其责任的内容,在合同订立时采用足以引起对方注意的文字、符号、字体等特别标识,并按照对方的要求对该格式条款予以说明的,人民法院应当认定符合合同法第三十九条所称"采取合理的方式"。

提供格式条款一方对已尽合理提示及说明义务承担举证责任。

第七条 下列情形,不违反法律、行政法规强制性规定的,人民法院可以认定为合同法所称"交易习惯":

(一)在交易行为当地或者某一领域、某一行业通常采用并为交易对方订立合同时所知道或者应当知道的做法;

(二)当事人双方经常使用的习惯做法。

对于交易习惯,由提出主张的一方当事人承担举证责任。

第八条 依照法律、行政法规的规定经批准或者登记才能生效的合同成立后,有义务办理申请批准或者申请登记等手续的一方当事人未按照法律规定或者合同约定办理申请批准或者未申请登记的,属于合同法第四十二条第(三)项规定的"其他违背诚实信用原则的行为",人民法院可以根据案件的具体情况和相对人的请求，判决相对人自己办理有关手续；对方当事人对由此产生的费用和给相对人造成的实际损失，应当承担损害赔偿责任。

二、合同的效力

第九条 提供格式条款的一方当事人违反合同法第三十九条第一款关于提示和说明义务的规定，导致对方没有注意免除或者限制其责任的条款，对方当事人申请撤销该格式条款的，人民法院应当支持。

第十条 提供格式条款的一方当事人违反合同法第三十九条第一款的规定，并具有合同法第四十条规定的情形之一的，人民法院应当认定该格式条款无效。

第十一条 根据合同法第四十七条、第四十八条的规定，追认的意思表示自到达相对人时生效，合同自订立时起生效。

第十二条 无权代理人以被代理人的名义订立合同，被代理人已经开始履行合同义务的，视为对合同的追认。

第十三条 被代理人依照合同法第四十九条的规定承担有效代理行为所产生的责任后，可以向无权代理人追偿因代理行为而遭受的损失。

第十四条 合同法第五十二条第（五）项规定的"强制性规定"，是指效力性强制性规定。

第十五条 出卖人就同一标的物订立多重买卖合同，合同均不具有合同法第五十二条规定的无效情形，买受人因不能按照合同约定取得标的物所有权，请求追究出卖人违约责任的，人民法院应予支持。

三、合同的履行

第十六条 人民法院根据具体案情可以将合同法第六十四条、第六十五条规定的第三人列为无独立请求权的第三人，但不得依职权将其列为该合同诉讼案件的被告或者有独立请求权的第三人。

第十七条 债权人以境外当事人为被告提起的代位权诉讼，人民法院根据《中华人民共和国民事诉讼法》第二百四十一条的规定确定管辖。

第十八条 债务人放弃其未到期的债权或者放弃债权担保，或者恶意延长到期债权的履行期，对债权人造成损害，债权人依照合同法第七十四条的规定提起撤销权诉讼的，人民法院应当支持。

第十九条 对于合同法第七十四条规定的"明显不合理的低价"，人民法院应当以交易当地一般经营者的判断，并参考交易当时交易地的物价部门指导价或者市场交易价，结合其他相关因素综合考虑予以确认。

转让价格达不到交易时交易地的指导价或者市场交易价百分之七十的，一般可以视为明显不合理的低价；对转让价格高于当地指导价或者市场交易价百分之三十的，一般可以视为明显不合理的高价。

债务人以明显不合理的高价收购他人财产，人民法院可以根据债权人的申请，参照合同法第七十四条的规定予以撤销。

第二十条 债务人的给付不足以清偿其对同一债权人所负的数笔相同种类的全部债务，应当优先抵充已到期的债务；几项债务均到期的，优先抵充对债权人缺乏担保或者担保数额最少的债务；担保数额相同的，优先抵充债务负担较重的债务；负担相同的，按照债务到期的先后顺序抵充；到期时间相同的，按比例抵充。但是，债权人与债务人对清偿的债务或者清偿抵充顺序有约定的除外。

第二十一条 债务人除主债务之外还应当支付利息和费用，当其给付不足以清偿全部债务时，并且当事人没有约定的，人民法院应当按照下列顺序抵充：

（一）实现债权的有关费用；

（二）利息；

（三）主债务。

四、合同的权利义务终止

第二十二条 当事人一方违反合同法第九十二条规定的义务，给对方当事人造成损失，对方当事人请求赔偿实际损失的，人民法院应当支持。

第二十三条 对于依照合同法第九十九条的规定可以抵销的到期债权，当事人约定不得抵销的，人民法院可以认定该约定有效。

第二十四条 当事人对合同法第九十六条、第九十九条规定的合同解除或者债务抵销虽有异议，但在约定的异议期限届满后才提出异议并向人民法院起诉的，人民法院不予支持；当事人没有约定异议期间，在解除合同或者债务抵销通知到达之日起三个月以后才向人民法院起诉的，人民法院不予支持。

第二十五条 依照合同法第一百零一条的规定，债务人将合同标的物或者标的物拍卖、变卖所得价款交付提存部门时，人民法院应当认定提存成立。

提存成立的，视为债务人在其提存范围内已经履行债务。

第二十六条 合同成立以后客观情况发生了当事人在订立合同时无法预见的、非不可抗力造成的不属于商业风险的重大变化，继续履行合同对于一方当事人明显不公平或者不能实现合同目的，当事人请求人民法院变更或者解除合同的，人民法院应当根据公平原则，并结合案件的实际情况确定是否变更或者解除。

五、违约责任

第二十七条 当事人通过反诉或者抗辩的方式，请求人民法院依照合同法第一百一十四条第二款的规定调整违约金的，人民法院应予支持。

第二十八条 当事人依照合同法第一百一十四条第二款的规定，请求人民法院增加违约金的，增加后的违约金数额以不超过实际损失额为限。增加违约金以后，当事人又请求对方赔偿损失的，人民法院不予支持。

第二十九条 当事人主张约定的违约金过高请求予以适当减少的，人民法院应当以实际损失为基础，兼顾合同的履行情况、当事人的过错程度以及预期利益等综合因素，根据公平原则和诚实信用原则予以衡量，并作出裁决。

当事人约定的违约金超过造成损失的百分之三十的，一般可以认定为合同法第一百一十四条第二款规定的"过分高于造成的损失"。

六、附　则

第三十条 合同法施行后成立的合同发生纠纷的案件，本解释施行后尚未终审的，适用本解释；本解释施行前已经终审，当事人申请再审或者按照审判监督程序决定再审的，不适用本解释。

最高人民法院
关于审理建设工程施工合同纠纷案件适用法律问题的解释

(法释〔2004〕14 号)

(2004 年 9 月 29 日由最高人民法院审判委员会第 1327 次会议通过，2004 年 10 月 25 日公布，自 2005 年 1 月 1 日起施行)

根据《中华人民共和国民法通则》、《中华人民共和国合同法》、《中华人民共和国招标投标法》、《中华人民共和国民事诉讼法》等法律规定，结合民事审判实际，就审理建设工程施工合同纠纷案件适用法律的问题，制定本解释。

第一条 建设工程施工合同具有下列情形之一的，应当根据合同法第五十二条第（五）项的规定，认定无效：

（一）承包人未取得建筑施工企业资质或者超越资质等级的；

（二）没有资质的实际施工人借用有资质的建筑施工企业名义的；

（三）建设工程必须进行招标而未招标或者中标无效的。

第二条 建设工程施工合同无效，但建设工程经竣工验收合格，承包人请求参照合同约定支付工程价款的，应予支持。

第三条 建设工程施工合同无效，且建设工程经竣工验收不合格的，按照以下情形分别处理：

（一）修复后的建设工程经竣工验收合格，发包人请求承包人承担修复费用的，应予支持；

（二）修复后的建设工程经竣工验收不合格，承包人请求支付工程价款的，不予支持。

因建设工程不合格造成的损失，发包人有过错的，也应承担相应的民事责任。

第四条 承包人非法转包、违法分包建设工程或者没有资质的实际施工人借用有资质的建筑施工企业名义与他人签订建设工程施工合同的行为无效。人民法院可以根据民法通则第一百三十四条规定，收缴当事人已经取得的非法所得。

第五条 承包人超越资质等级许可的业务范围签订建设工程施工合同，在建设工程竣工前取得相应资质等级，当事人请求按照无效合同处理的，不予支持。

第六条 当事人对垫资和垫资利息有约定，承包人请求按照约定返还垫资及其利息的，应予支持，但是约定的利息计算标准高于中国人民银行发布的同期同类贷款利率的部分除外。

当事人对垫资没有约定的，按照工程欠款处理。

当事人对垫资利息没有约定，承包人请求支付利息的，不予支持。

第七条 具有劳务作业法定资质的承包人与总承包人、分包人签订的劳务分包合同，当事人以转包建设工程违反法律规定为由请求确认无效的，不予支持。

第八条 承包人具有下列情形之一，发包人请求解除建设工程施工合同的，应予支持：

（一）明确表示或者以行为表明不履行合同主要义务的；

（二）合同约定的期限内没有完工，且在发包人催告的合理期限内仍未完工的；

（三）已经完成的建设工程质量不合格，并拒绝修复的；

（四）将承包的建设工程非法转包、违法分包的。

第九条　发包人具有下列情形之一，致使承包人无法施工，且在催告的合理期限内仍未履行相应义务，承包人请求解除建设工程施工合同的，应予支持：

（一）未按约定支付工程价款的；

（二）提供的主要建筑材料、建筑构配件和设备不符合强制性标准的；

（三）不履行合同约定的协助义务的。

第十条　建设工程施工合同解除后，已经完成的建设工程质量合格的，发包人应当按照约定支付相应的工程价款；已经完成的建设工程质量不合格的，参照本解释第三条规定处理。

因一方违约导致合同解除的，违约方应当赔偿因此而给对方造成的损失。

第十一条　因承包人的过错造成建设工程质量不符合约定，承包人拒绝修理、返工或者改建，发包人请求减少支付工程价款的，应予支持。

第十二条　发包人具有下列情形之一，造成建设工程质量缺陷，应当承担过错责任：

（一）提供的设计有缺陷；

（二）提供或者指定购买的建筑材料、建筑构配件、设备不符合强制性标准；

（三）直接指定分包人分包专业工程。

承包人有过错的，也应当承担相应的过错责任。

第十三条　建设工程未经竣工验收，发包人擅自使用后，又以使用部分质量不符合约定为由主张权利的，不予支持；但是承包人应当在建设工程的合理使用寿命内对地基基础工程和主体结构质量承担民事责任。

第十四条　当事人对建设工程实际竣工日期有争议的，按照以下情形分别处理：

（一）建设工程经竣工验收合格的，以竣工验收合格之日为竣工日期；

（二）承包人已经提交竣工验收报告，发包人拖延验收的，以承包人提交验收报告之日为竣工日期；

（三）建设工程未经竣工验收，发包人擅自使用的，以转移占有建设工程之日为竣工日期。

第十五条　建设工程竣工前，当事人对工程质量发生争议，工程质量经鉴定合格的，鉴定期间为顺延工期期间。

第十六条　当事人对建设工程的计价标准或者计价方法有约定的，按照约定结算工程价款。

因设计变更导致建设工程的工程量或者质量标准发生变化，当事人对该部分工程价款不能协商一致的，可以参照签订建设工程施工合同时当地建设行政主管部门发布的计价方法或者计价标准结算工程价款。

建设工程施工合同有效，但建设工程经竣工验收不合格的，工程价款结算参照本解释第三条规定处理。

第十七条　当事人对欠付工程价款利息计付标准有约定的，按照约定处理；没有约定的，按照中国人民银行发布的同期同类贷款利率计息。

第十八条　利息从应付工程价款之日计付。当事人对付款时间没有约定或者约定不明的，下列时间视为应付款时间：

（一）建设工程已实际交付的，为交付之日；

（二）建设工程没有交付的，为提交竣工结算文件之日；

（三）建设工程未交付，工程价款也未结算的，为当事人起诉之日。

第十九条　当事人对工程量有争议的，按照施工过程中形成的签证等书面文件确认。承包人能够证明发包人同意其施工，但未能提供签证文件证明工程量发生的，可以按照当事人提供的其他证据确认实际发生的工程量。

第二十条　当事人约定，发包人收到竣工结算文件后，在约定期限内不予答复，视为认可竣工结算文件的，按照约定处理。承包人请求按照竣工结算文件结算工程价款的，应予支持。

第二十一条　当事人就同一建设工程另行订立的建设工程施工合同与经过备案的中标合同实质性内

容不一致的，应当以备案的中标合同作为结算工程价款的根据。

第二十二条 当事人约定按照固定价结算工程价款，一方当事人请求对建设工程造价进行鉴定的，不予支持。

第二十三条 当事人对部分案件事实有争议的，仅对有争议的事实进行鉴定，但争议事实范围不能确定，或者双方当事人请求对全部事实鉴定的除外。

第二十四条 建设工程施工合同纠纷以施工行为地为合同履行地。

第二十五条 因建设工程质量发生争议的，发包人可以以总承包人、分包人和实际施工人为共同被告提起诉讼。

第二十六条 实际施工人以转包人、违法分包人为被告起诉的，人民法院应当依法受理。

实际施工人以发包人为被告主张权利的，人民法院可以追加转包人或者违法分包人为本案当事人。发包人只在欠付工程价款范围内对实际施工人承担责任。

第二十七条 因保修人未及时履行保修义务，导致建筑物毁损或者造成人身、财产损害的，保修人应当承担赔偿责任。

保修人与建筑物所有人或者发包人对建筑物毁损均有过错的，各自承担相应的责任。

第二十八条 本解释自二○○五年一月一日起施行。

施行后受理的第一审案件适用本解释。

施行前最高人民法院发布的司法解释与本解释相抵触的，以本解释为准。

附录九

北京仲裁委员会建设工程争议评审规则

(2009 年 1 月 20 日第五届北京仲裁委员会第四次会议讨论通过,自 2009 年 3 月 1 日起施行)

第一条 为预防、减少、及时解决建设工程合同争议,北京仲裁委员会(以下简称本会)特制定本规则。本规则旨在为当事人选择适用争议评审提供程序指引,在当事人约定适用本规则的情况下,本规则对当事人有约束力。当事人就评审事项另有约定的,从约定。

第二条 本规则所称争议评审系指,根据当事人约定,在建设工程合同(包括但不限于勘察合同、设计合同、施工合同、监理合同、项目管理合同等)履行中发生纠纷时,当事人将争议提交专家评审组(以下简称评审组)对争议出具评审意见的争议解决方式。

当事人在组成评审组前应当对评审意见的范围和约束力作出约定。当事人未对评审意见的范围和约束力作出约定,则按照本规则的相关规定确定。

第三条 评审组按照当事人约定组成。当事人未对评审组的组成作出约定的,按照本规则的规定组成评审组。

第四条 评审组由三名有合同管理和工程实践经验的专家组成。当事人对评审组的组成人数另有约定的从约定。

本会提供推荐性的评审专家名册,供当事人选择评审专家。当事人也可以在该名册外选择评审专家。

第五条 当事人应当自工程开工之日起 28 日内或者争议发生后一方当事人收到对方发出的要求评审解决争议的通知之日起 14 日内各自选定一名评审专家。当事人逾期未能选定评审专家的,本会主任可以根据一方或者各方当事人的请求指定。当事人另有约定的除外。

第三名评审专家由上述两名评审专家向当事人提名,由当事人共同确定。如果上述两名评审专家自被选定之日起 5 日内未向当事人提名第三名评审专家或者当事人自收到提名名单后 5 日内未共同确定第三名评审专家,则本会主任根据一方或者各方当事人的请求指定。第三名评审专家为评审组的首席评审专家。

第六条 当事人约定评审组由一名评审专家组成的,应当自开工之日起 28 日内或者争议发生后一方当事人收到对方发出的要求评审解决争议的通知之日起 14 日内共同选定评审专家,当事人另有约定的除外。当事人逾期未能共同选定,则本会主任可以根据一方或者各方当事人的请求指定。

第七条 评审专家确定后,全体当事人应分别与每一位评审专家签订《评审专家协议》,对必要的事项作出约定,包括但不限于提交评审解决的争议范围、评审组的工作内容、评审意见的效力、评审专家的报酬计算方式和标准等。除非当事人及评审组另有约定,如评审组由多人组成时,每一份《评审专家协议》应当与其他《评审专家协议》含有同样的实质性条款。

当事人可以在任何时间共同终止与任何评审专家签订的《评审专家协议》,但应当根据工作情况向该评审专家支付终止之日起最低三个月的月劳务费,除非当事人与评审专家另有约定。

每一位评审专家均可在任何时间终止《评审专家协议》,但须至少提前三个月书面通知当事人,除非当事人与评审专家另有约定。

第八条 评审组组成后,评审专家应当签署保证独立、公正评审争议的声明书,并转交各方当事人。

评审专家知悉其与当事人存在可能导致当事人对其独立性、公正性产生怀疑的情形的,应当书面披露。除非各方当事人自收到书面披露之日起 15 日内明确表示同意其继续担任评审专家,否则其应当退出评审组。

当事人知悉评审专家与当事人存在可能导致当事人对其独立性、公正性产生怀疑的情形并要求该评审专家退出评审组的，应在获悉该情形之日起 15 日内向本会提交申请其退出评审组的书面请求。

一方当事人申请评审专家退出，另一方当事人表示同意，或者被申请退出的评审专家知悉后主动退出，则该评审专家不再参加评审程序，但上述任何情形均不意味着当事人提出退出的理由成立。除前述情形以外，本会主任将对评审专家是否退出作出决定。

如果评审专家退出，该评审专家与当事人之间的协议随即终止。除当事人另有约定外，应当按照退出的评审专家的产生方式重新确定评审专家。

第九条 评审专家因疾病、当事人共同要求退出或者其他原因不能正常或者适当履行评审专家职责的，应当退出。

新的评审专家应按照退出的评审专家的产生方式确定。当事人另有约定的从约定。

评审专家退出前的评审行为有效。评审组由三名评审专家组成而其中一名退出的，另两名应当继续担任评审专家，但在新的评审专家产生之前不得进行评审活动，除非各方当事人明确表示同意。

第十条 如果评审组认为必要，可以在工程施工期间定期或者不定期考察施工现场，随时了解工程进度。

第十一条 当事人申请评审组解决争议时，应当向评审组提交评审申请报告，并转交其他当事人和监理。

评审申请报告包括但不限于下列内容：

1. 争议的事实及相关情况；

2. 提交评审组作出决定的争议事项；

3. 申请方对争议处理的建议和意见等。

申请报告应当附有与争议相关的必要文件、图纸以及其他证明材料。

第十二条 对方当事人应当自收到评审申请报告之日起 28 日内，提交答辩报告，陈述对争议的处理意见并附证明材料。

上述材料应当转交提出申请的当事人和监理。

不提交答辩报告，不影响评审程序的进行。

第十三条 评审组应当自对方当事人答辩期满后 14 日内，召开调查会，并通知当事人到场。当事人可以委托代理人参加调查会。

申请评审的当事人无正当理由不到场的，评审组可以决定终结本次评审活动；另一方当事人无正当理由不到场的，评审组有权决定继续召开调查会。

第十四条 评审专家均应当参加调查会。除非各方当事人同意，评审组不得在任何一名评审专家缺席的情况下召开调查会。

第十五条 评审组可以在充分考虑案情、当事人意愿以及快速解决争议需要的情况下，采取其认为适当的程序和方式进行调查，包括但不限于：

（一）询问当事人；

（二）要求当事人补充提交材料和书面意见；

（三）进行现场勘查；

（四）采取其他措施保证正常履行评审组的职责。

第十六条 当事人应当配合评审组的工作，并提供必要的条件。

第十七条 评审组应当平等、公正对待各方当事人，给予各方当事人陈述的合理机会并避免不必要的拖延以及费用支出。

评审专家除按照当事人的约定或者本规则的规定履行评审职责外，不能向当事人提供与评审事项无关的建议，更不能担任当事人的顾问。

第十八条 评审专家对于评审过程中的任何事项均负有保密义务。

评审专家亦不得在评审活动进行中或评审活动结束后就相同或者相关争议进行的诉讼、仲裁程序中作为仲裁员、证人或者一方当事人的代理人。

第十九条 评审组应当在调查会结束后 14 日内，作出书面评审意见，并说明理由。当事人对评审意见作出的期限另有约定的从约定。

第二十条 由三名评审专家组成评审组的，评审意见应当按照多数评审专家的意见作出；不能形成多数意见时，应当按照首席评审专家的意见作出。

评审意见由评审专家签名。持不同意见的评审专家，可以不签名，但应当出具单独的个人意见，随评审意见送达当事人，但该意见不构成评审意见的一部分。不签名的评审专家不出具个人意见的，不影响评审意见的作出。

第二十一条 当事人对评审意见有异议的，应当自收到评审意见之日起 14 日内向评审组或者对方当事人书面提出。当事人在上述期限内提出异议的，评审意见即不具约束力；未提出异议的，则评审意见在上述期限届满之日起对各方当事人有约束力。当事人应当按照评审意见执行。

如当事人约定评审意见自作出或者当事人收到之日起即对当事人有约束力，即使当事人在收到评审意见之日起 14 日内提出了书面异议，仍应按照评审意见执行。在当事人将该争议提交仲裁庭或者法院对该项争议作出不同的裁决或者判决前，评审意见仍对当事人有约束力。

评审意见对当事人不具约束力，或者评审组未在本规则第十九条规定的期限内作出决定，或者评审组在评审意见作出之前依据本规则被解散，当事人均可就相关争议直接交付仲裁或诉讼。

第二十二条 评审组至《评审专家协议》约定的期限届满时终止其职责。但在上述期限内提交评审的争议，评审组仍应作出评审意见。

评审组终止职责或解散后产生的争议，当事人可提交仲裁或诉讼解决。

第二十三条 评审专家不对依据本规则进行的任何评审行为承担赔偿责任，除非有证据表明该行为违反本规则的有关规定。

对于当事人选择适用本规则所发生的一切后果以及本会所进行的指定评审专家、决定评审专家是否退出等管理行为，本会及本会工作人员均不承担任何赔偿责任。

第二十四条 当事人应当按照与评审组约定的数额、时间支付评审专家报酬。当事人未按约定支付的，评审组可以决定暂时中止评审活动。

如果本会有行政费用发生，则当事人应按照本会公布的收费办法支付。

上述费用原则上由各方当事人平均分担，当事人另有约定或《北京仲裁委员会建设工程争议评审收费办法》另有规定的除外。

第二十五条 本规则由本会负责解释。

第二十六条 本规则自 2009 年 3 月 1 日起施行。

附录十

中国国际经济贸易仲裁委员会
建设工程争议评审规则（试行）

（中国国际贸易促进委员会/中国国际商会 2010 年 1 月 27 日通过，2010 年 5 月 1 日起试行）

第一章 总 则

第一条 为便于当事人采用争议评审方式预防、减少和及时解决建设工程争议，中国国际经济贸易仲裁委员会（以下简称仲裁委员会）特制定本规则。

第二条 建设工程争议评审是当事人在履行建设工程合同发生争议时，根据约定，将有关争议提交争议评审组（以下简称评审组）进行评审，由评审组作出评审意见的一种争议解决方式。

当事人可以对评审意见的效力做出约定，评审意见依约定对当事人产生约束力。当事人对评审意见的效力未作约定但同意适用本规则的，在满足本规则规定的条件后，评审意见即对当事人具有约束力。

本规则所指的建设工程合同（以下简称合同）包括工程勘察合同、设计合同、施工合同以及其他与建设工程有关的合同。

第三条 本规则在当事人约定适用的情况下，对当事人具有约束力。

当事人对特定事项另有约定的，从其约定。

第二章 评审组

第四条 评审组分为常设评审组和临时评审组。

当事人可以在签订合同时或者在约定的期限内确定评审组成员，成立常设评审组，以跟踪了解合同履行的情况，协助预防争议；常设评审组可以根据当事人的申请，评审有关争议。

当事人也可以在争议发生后，成立临时评审组，评审特定争议。

评审组的产生方式和工作内容、评审程序、评审意见的效力、评审组成员的报酬和费用等根据当事人的约定来确定。当事人没有约定而同意适用本规则的，依据本规则确定。

第五条 除非当事人另有约定，评审组由一名或三名评审专家组成。

当事人没有约定评审组组成人数的，评审组由三名评审专家组成。

第六条 评审专家应当具有合同管理、合同解释和建设工程行业的专业知识和实践经验。

当事人对评审组成员的资格有其他特殊约定的，从其约定。

第七条 仲裁委员会设立推荐性的《建设工程争议评审专家名册》（以下简称《评审专家名册》），供当事人选定评审组成员时参考。当事人也可以在《评审专家名册》之外选择评审组成员。

第八条 常设评审组由三人组成的，双方当事人应当在约定的期限内，或者在没有约定期限的情况下，在合同签订后 28 天内或合同开始履行后 28 天内（以较早的时间为准），各自选定一名评审专家，并书面通知对方和评审专家。当事人未能在上述期限内选定评审专家的，任一方当事人可以请求仲裁委员会秘书长代为指定上述评审专家。

根据前款规定产生的两名评审专家应在第二名评审专家确定之日起 14 天内共同选定第三名评审专家，并书面通知双方当事人。两名评审专家未能在上述期限内共同选定第三名评审专家的，任一方当事人可以请求仲裁委员会秘书长代为指定第三名评审专家。第三名评审专家应当担任评审组的首席评审专家。

第九条　当事人约定常设评审组由一人组成的，双方当事人应当在约定的期限内，或者在合同没有约定期限的情况下，在合同签订后 28 天内或合同开始履行后 28 天内（以较早的时间为准），共同选定独任评审专家。当事人在上述期限内未能就独任评审专家的人选达成一致的，任一方当事人可以请求仲裁委员会秘书长代为指定独任评审专家。

第十条　当事人请求仲裁委员会秘书长代为指定评审专家的，应当以书面形式提出，附具有关建设工程合同性质或者争议性质的说明。当事人对评审专家资格有特殊要求的，也应当一并予以说明。

仲裁委员会秘书长在代为指定评审专家时，应当综合考虑相关建设工程合同或者争议的性质、所需评审专家的专业特长、行业经验、语言能力以及当事人的特殊要求等相关情况。

第十一条　评审组的每一位成员应当分别与全体当事人签订《评审组成员协议》，对必要的事项作出约定，包括但不限于评审组解决争议的范围、评审组的工作内容、评审组成员与当事人的一般义务、评审组成员的报酬和费用、协议的生效和终止等。

当事人可以在任何时间共同终止《评审组成员协议》，但应当提前书面通知评审组成员。任何一方当事人不能单独终止《评审组成员协议》。评审组成员可在任何时间单方终止《评审组成员协议》，但应当提前书面通知所有当事人，上述提前通知的时间由当事人与评审组成员具体约定。

《评审组成员协议》终止的，评审组成员即退出评审组。评审组成员因为本规则规定的其他情形不再担任评审组成员或退出评审组的，该名评审组成员与当事人签署的《评审组成员协议》当即终止。

根据当事人的请求并经双方同意，仲裁委员会可以为《评审组成员协议》的达成提供联络沟通、文件交换等辅助性秘书服务。

第十二条　在评审组成员与当事人签订的《评审组成员协议》生效后，评审组正式成立。

评审组在《评审组成员协议》约定的期限届满时终止工作。除非当事人另有约定，当事人可以共同决定提前解散评审组。评审组自收到最后一方当事人的书面通知之日起解散。

第十三条　评审专家应当独立、公正地履行职责。

评审专家知悉存在可能引起当事人对其公正性或者独立性产生合理怀疑的任何事实或情况的，应当立即向所有当事人书面披露，并将该披露事宜及时通知评审组的其他成员。

任何一方当事人在收到评审专家的书面披露之日起 14 天内对该专家提出书面异议的，该名评审专家不再担任评审组成员。当事人未在上述期限内提出书面异议的，视为同意其继续担任评审组成员，此后不得以该名评审专家曾经披露的事项为由再提出异议或者申请其回避。

第十四条　任何一方当事人发现对某位评审专家的公正性或者独立性产生合理怀疑的任何事实或情况而要求其回避的，可以在得知回避事由后 14 天内书面申请仲裁委员会秘书长对该名评审专家是否回避作出决定，但应当说明提出回避请求所依据的具体事实和理由，并举证。

一方当事人申请评审专家回避，其他当事人同意的，或者被申请回避的评审专家主动提出不担任评审组成员的，该名评审专家不再担任评审组成员。上述情形并不表示当事人提出回避的理由成立。除此种情形外，评审专家是否应当回避，由仲裁委员会秘书长作出终局决定，并可以不说明理由。

在仲裁委员会秘书长就评审专家是否回避作出决定前，被申请回避的评审专家应当继续履行职责。

第十五条　评审专家在法律或事实上不能正常或者适当履行评审组成员职责的，应当退出评审组。

评审专家因本规则规定的情形不再担任评审组成员或退出评审组的，除非当事人另有约定，应当按照其原来的产生方式确定替换的评审专家。三人评审组中有一人退出的，其余两人应当继续担任评审组成员。

除非当事人另有约定，在替换的评审专家产生以前，评审组应当中止工作。替换前评审组的行为继续有效。

第十六条　评审专家应当依照本规则和《评审组成员协议》，勤勉审慎地履行职责。

评审专家对评审组工作中的相关事项和所涉信息负有保密义务，当事人另有约定或者本规则另有规定的除外。

除非当事人同意，评审专家不得在与评审争议相关的仲裁或者诉讼程序中担任仲裁员、法官或者一方当事人的证人或代理人，但在仲裁庭或法庭认为有必要的情况下，可以作为仲裁庭或法庭的证人参与仲裁或诉讼程序。

第十七条　常设评审组应当研究当事人提交的相关资料，在合同履行期间定期与当事人会晤、进行现场考察，以保证熟悉合同文件、及时跟踪了解合同的履行情况以及合同履行过程中出现的分歧。

双方当事人和评审组所有成员均应参加所有的会晤和现场考察。如果一方当事人未能出席，评审组有权决定会晤或现场考察如期进行。除非各方当事人同意或评审组另有决定，评审组不得在任何一位评审组成员缺席的情况下进行会晤或现场考察。

除定期的会晤和现场考察外，任何一方当事人还可以根据需要，请求评审组紧急安排会晤或现场考察。评审组应当尽可能在收到上述请求之日起28天内进行会晤或现场考察。

根据当事人的请求并经双方同意，仲裁委员会可以为评审组和当事人之间的会晤提供场所、设备以及必要的支持与协助。

第十八条　在当事人同意的情况下，常设评审组可以采取其认为适当的方式和措施，非正式地协助当事人解决合同履行过程中产生的分歧。

上述方式和措施包括但不限于评审组和当事人共同讨论、在征得所有当事人同意后单独与各方会谈以及发表非正式的口头或书面意见。

如上述分歧最终被提交评审解决，评审组和当事人在评审程序中均不受其在非正式协助过程中发表的口头或书面意见的约束。

第十九条　当事人应当充分配合评审组的工作，及时向评审组提供必要的信息和有关资料，遵从评审组的安排和决定，并为评审组的工作提供必要的条件。

第二十条　评审组与当事人之间的任何书面文件往来，都应当按照当事人与评审组约定的联系方式进行，同时发送给各方当事人和评审组的所有成员。

评审组由三人组成的，首席评审专家收到文件的时间视为评审组收到当事人提交文件的时间。

第三章　评审程序

第二十一条　评审程序自评审组收到评审申请之日开始。

第二十二条　任何一方当事人作为申请人，申请评审组通过评审程序解决争议时，应当向评审组提交书面的评审申请，并同时将评审申请转交被申请人。

评审申请应当包括：

（一）当事人关于将争议提交评审解决的约定；

（二）争议的相关情况和争议要点；

（三）申请人提交评审解决的争议事项和具体的评审请求；

（四）申请人对争议的处理意见及所依据的文件、图纸及其他证明材料。

第二十三条　除非当事人另有约定或者评审组另有决定，被申请人应当在收到申请人的评审申请之日起28天内，向评审组提交书面答辩，并同时将答辩转交申请人。

答辩应当包括被申请人对争议的处理意见及所依据的文件、图纸及其他证明材料。

被申请人未提交书面答辩的，不影响评审程序的继续进行。

第二十四条　评审组评审争议时应当召开调查会，当事人另有约定的除外。评审组可以根据评审的需要，召开多次调查会。

除非当事人另有约定或者评审组另有决定，被申请人在答辩期限内提交书面答辩的，第一次调查会应当在评审组收到答辩后14天内召开；被申请人未在答辩期限内提交书面答辩的，第一次调查会应当在答辩期限届满后14天内召开。

根据当事人的请求并经双方同意，仲裁委员会可以为调查会提供场所、设备以及必要的支持与协助。

第二十五条　除非当事人另有约定，调查会不公开进行。

当事人可以委托代理人参加调查会。当事人有正当理由不能参加调查会的，可以申请延期，但必须提前以书面方式向评审组提出。是否同意延期，由评审组决定。

任何一方当事人未出席调查会的，评审组在确信其已收到调查会通知的情况下，有权决定调查会继续进行。

除非各方当事人同意，评审组的所有成员均应当参加调查会。

第二十六条　除非当事人另有约定，评审组除召开调查会外，还可以按照其认为适当的其他方式评审争议，但应当避免不必要的程序拖延和费用开支。在任何情形下，评审组均应公平和公正地行事，给予各方当事人陈述与辩论的合理机会。

第二十七条　除非当事人另有约定，评审组的权力包括但不限于：

（一）决定评审组对所涉争议的管辖权及评审争议的范围；

（二）决定评审程序的安排；

（三）召集会晤、进行现场考察和召开调查会，并决定与此有关的任何程序事宜；

（四）询问当事人、当事人的代理人和证人；

（五）要求当事人提交补充材料和书面意见；

（六）根据评审争议的需要，决定进行鉴定或者聘请专家就某一具体的法律或技术问题出具意见；

（七）在一方当事人缺席的情况下继续评审程序并出具评审意见；

（八）采取其他必要措施保证评审程序顺利进行和评审组正常履行职责。

第二十八条　当事人在评审程序中可以就争议自行和解，也可以在评审组的主持下进行调解。

当事人在评审程序中达成和解或者调解成功的，评审程序终止。当事人可以就此签订和解协议。当事人也可以根据和解协议中的仲裁条款，请求仲裁委员会组成仲裁庭根据和解协议的内容作出仲裁裁决。

未达成和解或者调解未成功的，评审组和各方当事人在评审程序中均不受其在和解或者调解过程中发表的口头或书面意见的约束。

第二十九条　申请人撤回评审请求或者当事人一致同意终止评审程序的，评审程序终止。

第三十条　在当事人和评审组一致同意的情况下，评审组可以决定对同一合同项下产生的多个争议一并评审，或对相同当事人多个合同项下的相关争议一并评审。

第三十一条　争议的评审涉及第三人的，经当事人和第三人的书面同意并重新与评审组成员签署《评审组成员协议》，评审组可以决定第三人加入评审程序。第三人加入评审程序之前，还应当以书面形式同意接受本规则的约束，并且同意评审组的组成和此前已经进行的评审程序，原当事人与该第三人另有约定的除外。

第三十二条　除非当事人另有约定，评审组应当在评审程序开始之日起84天内出具评审意见。评审组在征得各方当事人同意的前提下，可以适当延长作出评审意见的期限。

第三十三条　除非当事人另有约定，评审组应当依据合同的条款和合同项目所在地或者其他与合同有最密切联系地法律的规定，参考相关的国内外行业惯例和技术标准规范，公平合理、独立公正地作出评审意见。

第三十四条　评审意见应当以书面形式作出。

评审意见的内容应当包括但不限于：

（一）申请人的评审请求、争议事项和双方当事人的意见；

（二）评审组对争议的评审结果和所依据的事实及理由；

（三）评审意见的效力；

（四）评审意见作出的日期。

第三十五条　由三人评审组评审争议的，评审意见依全体或者多数评审专家的意见作出；不能形成多数意见的，依首席评审专家的意见作出。

评审意见应当由评审专家签署。持不同意见的评审专家可以在评审意见上署名，也可以不署名，但应当出具单独的书面意见，随评审意见转给各方当事人。该书面意见不构成评审意见的一部分。不附具不同意见的，不影响评审意见的作出和效力。

第三十六条　根据当事人的约定，仲裁委员会可以对评审意见草案进行核阅。

当事人约定由仲裁委员会对评审意见草案进行核阅的，评审组应当在签署评审意见前将评审意见草案提交仲裁委员会。在不影响评审组独立评审的前提下，仲裁委员会可以就评审意见的有关问题提请评审组注意。

仲裁委员会应当在收到评审意见草案和当事人缴纳的核阅费用后14天（以较晚的时间为准）内核阅完毕。特殊情况下需要延长核阅期限的，仲裁委员会应当提前书面通知评审组和各方当事人。

由仲裁委员会核阅评审意见草案的，评审组可视具体情形，对评审意见作出的期限予以延长。

第三十七条　当事人对评审意见的结果有异议的，应当自收到评审意见之日起14天内向评审组和对方当事人书面提出，并说明理由。当事人在上述期限内未提出异议的，评审意见自上述期限届满之日起对各方当事人具有约束力，当事人应当遵照评审意见执行。当事人在上述期限内提出书面异议的，评审意见对当事人不产生约束力。评审意见的结果可以拆分成可独立执行的若干项而当事人只针对其中的一项或几项提出书面异议的，不影响其他各项评审结果的约束力。

评审意见产生约束力的，在当事人通过将争议提交诉讼或者根据仲裁协议提交仲裁获得与评审意见不同的判决或裁决之前，或者在各方当事人就评审争议的解决另行作出不同于评审意见的约定之前，评审意见仍对当事人具有约束力。

当事人对评审意见的效力另有约定的，从其约定。

除非当事人另有约定，评审意见可以在当事人之间就相关争议进行的诉讼或者仲裁程序中作为证据使用。

当事人可以根据已经产生约束力的评审意见签订和解协议，并依据和解协议中的仲裁条款，请求仲裁委员会组成仲裁庭根据和解协议的内容作出仲裁裁决。

评审意见对当事人未产生约束力，或者评审组未在第三十二条规定的期限内作出评审意见，或者评审组已经终止工作或被解散的，当事人可以直接将有关争议提交诉讼或者根据仲裁协议提交仲裁，当事人另有约定的除外。

第三十八条　任何一方当事人可以在收到评审意见之日起7天内，就评审意见中的任何书写、打印、计算错误或者其他类似性质的错误书面申请评审组作出更正；确有错误的，评审组应当在收到书面申请之日起7天内作出书面更正。评审组也可以在评审意见作出之日起7天内，自行对上述错误作出书面更正。

评审组因遗漏未对某项评审请求出具评审意见，任何一方当事人可以在收到评审意见之日起7天内，书面申请评审组就该项评审请求作出补充评审意见；确有此种情形的，评审组应当在收到书面申请之日起7天内作出补充评审意见。评审组也可以在评审意见作出之日起7天内，自行对上述评审请求作出补充评审意见。

书面更正和补充评审意见构成原评审意见的一部分。在上述两款情形下，第三十七条中关于评审意见异议的期限应当自当事人收到评审组的书面更正或者补充评审意见之日起重新起算。

第四章　临时评审组的特别规定

第三十九条　当事人成立临时评审组评审争议的，适用本章规定。本章未规定的事项，适用本规则其他各章的有关规定。

当事人另有约定的，从其约定。

第四十条　争议发生后，申请人应当先向被申请人发出要求评审解决争议的书面通知。

第四十一条　评审组由三人组成的，由双方当事人在被申请人收到申请人要求评审解决争议的书面通知之日起14天内各自选定一名评审专家，并书面通知对方和评审专家。申请人或者被申请人未能在上述期限内选定评审专家的，任一方当事人可以请求仲裁委员会秘书长代为指定上述评审专家。

根据前款规定产生的两名评审专家应在第二名评审专家确定之日起14天内共同选定第三名评审专家，并书面通知双方当事人。两名评审专家未能在上述期限内共同选定第三名评审专家的，任一方当事人可以请求仲裁委员会秘书长代为指定第三名评审专家。第三名评审专家应当担任评审组的首席评审专家。

第四十二条 当事人约定评审组由一人组成的，由双方当事人在被申请人收到申请人要求评审解决争议的书面通知之日起14天内共同选定独任评审专家。当事人在上述期限内未能就独任评审专家的人选达成一致的，任一方当事人可以请求仲裁委员会秘书长代为指定独任评审专家。

第四十三条 评审组成立后，申请人应当向评审组提交符合第二十二条规定的书面评审申请，并同时将评审申请转交被申请人。

评审程序自评审组收到申请人的评审申请之日起开始。

第五章　报酬与费用

第四十四条 除非当事人另有约定或者评审组另有决定，评审专家担任评审组成员的所有报酬和因履行评审专家职责而发生的所有交通、食宿等实际费用，应当由各方当事人平均分担。

评审专家应当避免不必要的费用支出。

第四十五条 当事人应当按照《评审组成员协议》的约定，向评审组成员支付报酬和费用。

当事人未按约定向评审组成员支付报酬和费用的，评审组可以中止工作，直至当事人全额支付相关款项。

一方当事人不支付上述款项的，可以由其他当事人先行垫付。

第四十六条 仲裁委员会按照《建设工程争议评审收费办法》的规定，就下列事项收取相应费用：

（一）代为指定评审专家；

（二）决定评审专家回避事宜；

（三）为《评审组成员协议》的达成提供辅助性秘书服务；

（四）为评审组和当事人之间的会晤及评审调查会提供场所、设备以及必要的支持与协助；

（五）核阅评审意见草案。

第四十七条 评审组履行职责的过程中发生的其他费用，包括但不限于仲裁委员会收取的前条费用以及评审程序中进行鉴定或者聘请法律或技术专家的费用等，由各方当事人平均分担，当事人另有约定的或者仲裁委员会《建设工程争议评审收费办法》另有规定的除外。

第六章　附　则

第四十八条 仲裁委员会可以授权其分会、中心或办事处为《评审组成员协议》的达成提供辅助性秘书服务，以及为评审组和当事人之间的会晤和评审调查会提供场所、设备及必要的支持与协助。

第四十九条 评审组成员和仲裁委员会及其工作人员均不应就其依据本规则进行的相关行为承担赔偿责任。

第五十条 本规则中规定的期间均按照日历日计算，期间开始之日不计算在期间内，自次日起算。

节假日应当计入期间。期间开始的次日在当地是节假日的，期间从节假日后的第一日起算。期间届满的最后一日在当地是节假日的，以节假日后的第一日为期间届满的日期。

第五十一条 本规则由仲裁委员会负责解释。

第五十二条 本规则自2010年5月1日起试行。